注意力是互聯網的核心資源
我們希望盡量讓更多的人得到注意力
提升每個人獨特的幸福感

——

快手科技創始人兼首席執行官 宿華

快手是一個連接器
連接每一個人
尤其是容易被忽略的大多數

——

快手科技創始人 程一笑

乔
食

REUTERS
LABO
CCTV.com

快 手 是 甚 麼

《被看見的力量》
思維導圖

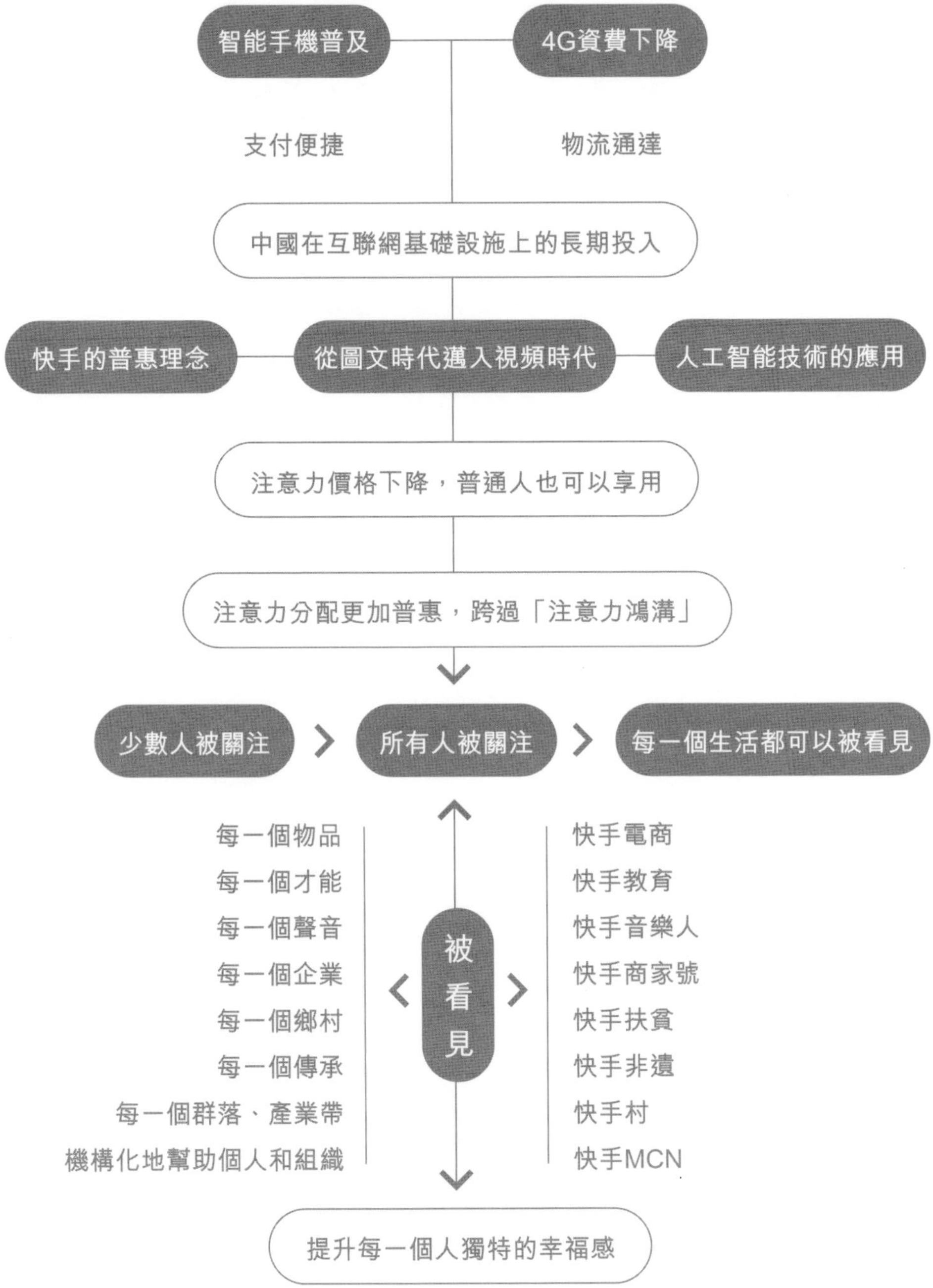

智能手機普及
4G資費下降
支付便捷
物流通達
中國在互聯網基礎設施上的長期投入
快手的普惠理念
從圖文時代邁入視頻時代
人工智能技術的應用
注意力價格下降，普通人也可以享用
注意力分配更加普惠，跨過「注意力鴻溝」

少數人被關注 ＞ 所有人被關注 ＞ 每一個生活都可以被看見

被看見

每一個物品
每一個才能
每一個聲音
每一個企業
每一個鄉村
每一個傳承
每一個群落、產業帶
機構化地幫助個人和組織

快手電商
快手教育
快手音樂人
快手商家號
快手扶貧
快手非遺
快手村
快手MCN

提升每一個人獨特的幸福感

被看見的力量

快手是甚麼

快手研究院 ——— 著

商務印書館

被看見的力量——快手是甚麼

作　　者：　快手研究院

責任編輯：　甄梓祺

裝幀設計：　安　寧

出　　版：　商務印書館（香港）有限公司

香港筲箕灣耀興道3號東匯廣場8樓

http://www.commercialpress.com.hk

發　　行：　香港聯合書刊物流有限公司

香港新界荃灣德士古道220-248號荃灣工業中心16樓

印　　刷：　美雅印刷製本有限公司

九龍觀塘榮業街6號海濱工業大廈4樓A室

版　　次：　2020年11月第 1 版第 1 次印刷

ISBN 978 962 07 6651 0

Printed in Hong Kong

目錄

第三章 快手教育：重新定義「知識」

第四章 快手音樂人：做音樂不再是少數人的專利

第五章 快手號會是企業的標配

第六章 快手扶貧：看見每一個鄉村

第七章　快手非遺：看見每一個傳承

第八章　快手村：星星之火可以燎原

第九章　快手 MCN：把握從圖文向視頻遷徙的趨勢

序一
提升每個人獨特的幸福感

宿華　快手科技創始人兼首席執行官

幸福感的演變

從小到大，在不同的人生階段，幸福感對我意味着完全不同的東西，有很不一樣的定義。

5 歲時，我的幸福感核心是「要有光」。

我出生在湖南湘西一個土家小山寨，這個中國毛細血管末梢的地方，風景秀麗但閉塞落後。當時村裏還沒有通電，天一黑甚麼都幹不了。

沒有電就沒有電燈，更沒有電視。晚上幾乎沒有娛樂活動，就在大樹下聽故事、看星星。家裏唯一的電器就是手電筒，不過電池也很貴，經常捨不得用，晚上出門就帶個松樹枝當火把。山裏沒有公路，家裏醬油用完了，要走兩小時的土路到鎮上，再走兩個小時回來，才能買到醬油。

當時我最渴望的是天黑之後有光，有光就能玩，很快樂。這是特別奇怪的一個幸福感來源。後來我養成了一個很壞的習慣——睡覺不關燈，我怕黑，不開燈睡不着覺。我這個壞習慣直到結婚後才徹底改掉。

10 多歲時，我的幸福感來源是「要考好大學」。

讀書的時候，我隨父母到了縣城。在這個小縣城，最有名的除了縣長，就是每年考上清華、北大的學生。每年 7 月，縣城唯一的也是最繁華的電影院門口就會張貼考上大學的學生名單。

高考是個很好的制度，它讓每個人都有機會靠自己的努力去改變命運，推進了整個社會的階層流動，因此很多地方愈窮愈重視教育，我就是在這樣的大環境下考上清華大學的。

20 歲出頭時，我的幸福感叫作「要有好工作」。

剛上大學時，老師教育我們說，有一個師兄特別厲害，剛找到一份工作，年薪 10 萬元。我當時就覺得，能找到一份年薪 10 萬元的工作，是很厲害的事情。後來聽說谷歌薪水高，我就去谷歌面試，谷歌給我開出 15 萬元的年薪，比我最厲害的師兄還多 50%，那一刻我非常滿足。一年之後又給我發了期權，後來翻了倍，我覺得自己幸福感爆棚。

快到 30 歲時，我的幸福感是「要有好出息」。

在谷歌工作時，我跑到矽谷待了一年多，最大的衝擊是發現兩個社會，不說深層的結構，連表面的結構都不一樣。2007 年，北京的車沒現在這麼多，而矽谷遍地都是汽車。那時候就覺得自己之前那點兒出息是不是太淺了，我應該能夠做更多的事情，能夠更加有出息，但是當時並不知道自己的出息在哪兒。

2008 年金融危機剛發生的第二個月，我離開谷歌去創業，想讓自己的想法得到驗證，看看我到底能為這個社會貢獻甚麼，或者能夠收穫甚麼。幹了一年多，慘淡收場。

第二年我加入百度，做了很多有意思的事情，特別是在做「鳳巢」機器學習系統時發現，我掌握的跟人工智能、並行計算、數據分析有關的能力是可以產生巨大能量的。

升職加薪，成家買房。但我一直有些焦慮，為甚麼想要的東西都得到了，卻還是不滿足？我的想法在某一個時間點發生了一個比較大的轉變。我以前的幸福感來源於自身，我要怎樣，要有光、要考好大學、要有好工作、要有好出息。都是怎麼能讓自己有成就感，讓妻兒開心，讓父母有面子，這些當然都是實實在在很幸福的事情，但除此之外，人生中是不是存在一種更大的幸福？後來我發現，相比於滿足自己的慾望來利己，更好的方向是去探索怎樣利他，如果有能力成為一個支點，讓更多的人幸福，自己的幸福感會成倍地放大。

利他不是簡單地幫助某個人做成某件事，這也是一個逐步探索的過程。我在谷歌工作時，心態就是以我個人的力量能夠幫到所有人。我的技術很好，作為工程師，很多團隊找我，從寫網頁服務器、做機器學習系統到進行大規模並行計算，只要你需要，我都能辦到。那時候我好像是消防隊員，到處幫人滅火，但現實很骨感，因為我的精力被分散了，所以到評職級的時候升不了職，得不到別人的認可。

去百度驗證過我們的技術能量以後，我就繼續創業了。我們的小團隊做了很多類似僱傭軍的事，到處去幫別人處理技術問題，把我們的能量放大，但後來我們發現也並不能幫助很多人。我意識到，如果要利他，不應該憑借我個人的力量利他，應該以機制的力量、價值觀的力量利他，利他最好的是能利所有的人。這就不能以己度人，需要廣泛理解更多人——他們的公共痛點在哪裏？幸福感缺失的原因是甚麼？幸福感能夠得到滿足的最大公約數是甚麼？要能夠找到所有人幸福感提升的最大公約數。

快手的獨特之處

快手的形態其實很簡單，它把每個人拍的生活小片段放在這裏，通過推薦算法讓所有人去看，但背後的思路和其他創業者會有點兒差別。

第一，我們非常在乎所有人的感受，包括那些被忽視的大多數人。根據國家統計局的數據，2018 年，中國大專及以上受教育程度人口佔總人口比為 13%，還有約 87% 的人沒接受過高等教育。從這個維度看，我們每天的所思所想、所關注的對象，偏差非常大，因此我們做了更多的選擇，讓那 87% 的人能更好地表達和被關注。

第二，注意力的分配。幸福感的來源有一個核心問題，即資源是怎麼分配的。互聯網的核心資源是注意力，這一資源分配不均的程度可能比其他資源更嚴重。總的來説，整個社會關注到的人，一年下來可能就幾千人，平均兩三天關注幾個人，所有的媒體都看向他們、推送他們的消息。中國 14 億人口，大多數人一生都得不到關注。

我們在做注意力分配時，希望儘量讓更多的人得到關注，哪怕降低一些觀看的效率。從價值觀上來講，還是非常有希望能夠實現公平普惠的。注意力作為一種資源、一種能量，能夠像陽光一樣灑到更多人身上，而不是像聚光燈一樣聚焦到少數人身上，這是快手背後的一條簡單的思路。

用戶主導的社區演變

建設短視頻社區，最重要的是底層的價值。這些在社區裏如何體現？

這幾年時間，快手社區的氛圍或觀感、體驗已經發生了巨變。我們作為社區的維護者，最大的特點是儘量不去定義它。我們常做的是把規則設計好之後，用户憑借他們自己的聰明才智、自己的想法，以及他們之間的化學反應，去完成社區秩序的演變。實際上，快手在歷史上的每一次轉變，都是用户驅動的，我們負責在旁邊觀察，看他們哪兒高興哪兒不高興，哪兒對哪兒不對，哪些地方破壞了價值，哪些地方又適應了時代需求。

這裏分享一些用户主導社區演變的故事。

第一個是陳阿姨的故事。2013 年，當時的社區、媒體都追求精緻，但陳阿姨不一樣。她曾是一個在日本留學的中國學生，長相還可以，但不愛打扮。因為離家特別遠，又失戀，人生地不熟。她每天在快手上拍各種各樣的段子，特點是自黑，暴露自己的缺點，講自己哪兒做得不好，又被人欺負了，等等。她發現，在社區裏其實不用靠顏值或者打扮得很精緻，只要大家覺得你很真實、你的生活很有溫度，就會認可你。大多數留學生只展現自己光鮮的一面，而陳阿姨卻勇敢地把自己過得不好、做得不好的地方展現給大家。所以在快手社區裏形成了一種風格——這裏非常講究真實有趣，以及真善美三方面價值，對「真」的要求會很高。

第二個是張靜茹的故事。當年她還是初中生的時候，在快手上有很多網友喜歡她，她拍的很多小視頻傳到微博上，很多網友會問她是誰、在哪兒。因為轉發量大，她的粉絲就會在微博上告訴別人，她是快手用户，名字叫甚麼，賬號是甚麼。她驗證了社區內部的內容如果散播到外部去，反過來可以把外部的人引進來的觀點。從她開始，快手很多粉絲會把她的視頻到處散播，形成反饋，散得愈多，認識她的人愈多，反過來會有人去快手上找她。她的粉絲愈多，忠粉、鐵粉就會愈高興，喜歡她的人就變得更有力量了。

第三個是黃文煜的故事。黃文煜是個情商很高的人，拍了大量視頻去關懷社會各階層，特別是女生。他會從星座、血型各種維度去表達觀點。那個時候大家發現，快手上不僅可以自黑，不光是真實，也有更多關心別人、關心社會、關心這個世界的其他人，整個社區的氛圍在一定程度上發生了變化。

最近兩年，大家感受比較直接的社區變化和直播有關。快手上有大量的人，對直播的理解非常深刻，也非常需要這種實時互動，所以我們上線直播功能的時候推廣特別順暢。

我們發現快手直播和其他平台有很多不同，最大的不同點是快手上的用户把直播當作生活的一部分，而不是當成工作。快手上很多人是下班後直播，比如，我關注最久的一個婚禮主持人，他每次主持完婚禮都是半夜，所以他每次會半夜開直播或者拍短視頻。他的視頻系列叫「到飯點了」，因為他每天半夜 12 點下班去聚餐。我睡得晚，每天都要看看他今天吃甚麼，每次聚餐都是主人請客，每次吃的東西都很好，而且還不重樣，已經持續了好幾年。

還有一個在酒吧跳舞的女孩，我也關注了好幾年。她每次上班前一邊上妝一邊直播，下班後就一邊卸妝一邊直播，和大家聊聊天。很多人在現實世界中得不到別人的理解，你也想像不到她的心理世界是甚麼樣的。你可能會以為她是一個生活混亂的人，其實她有家有口，在酒吧跳舞是她的工作。她拍下了很多自己真實的生活，或辛酸，或高興，她都願意和大家分享，分享出去就會很開心。

有一次我還看到一個媽媽，她的孩子特別小，把孩子哄睡着之後，她就開始直播，因為孩子睡覺時間短，她也不能出遠門，她一個人在家裏陪孩子，最渴望的就是有人陪她聊聊天。開直播聊到一半，孩子一聲大哭就醒了，説一句「我兒子撒尿了，我去給他換尿布」後，直播就關了，可能才直播了不到十分鐘。在她看來，直播、短視頻都是和這個世界連接的一種方式，也是得到別人的理解和認可的一種方式。

這些都是我們社區裏發生過的故事。對於一個社區來説，我們呈現內容的形態、人們表達自己的方式，以及表示理解、贊同或者反對的方式，必然會隨着社會、網絡速度和一些秩序的進化而演變，所以我們還在演變中。

每個人都有自己的故事

每個人都有自己的故事，有的在城市上班，有的在草原養狼，有的在森林伐木，每個人的生活看起來都是微不足道的，不同的人生活狀態會非常不一樣。大家都在不停地解決各種各樣的問題、衝突、矛盾等，生活充滿着挑戰。

我愛拉二胡，曾經拉到半夜 2 點，隔壁賣豆腐的大爺早上碰到我説：「娃娃，你昨天拉得不錯。」那時候聽不懂這句話是説我吵到他們了。我生活在小鎮上，不會有人罵我，他家做豆腐，鍋爐燒得咕嚕咕嚕響，我也沒有罵過他，這體現了民俗社會的包容性。

我關注了快手上一位拉二胡的大爺，他發的所有視頻都是他一個人在拉二胡，而且拉二胡的時候左右都是反的，右手握弦，左手拉弓。可以看出，這是前置鏡頭自拍的。如果一個人在家裏常年都在自拍，就說明沒有人陪伴。對這樣一個老人來說，他最害怕的是甚麼？就是天黑的時候沒電沒光，害怕孤獨，害怕沒有人陪伴。但是他運氣比較好，很早就發現了快手，因為普惠的原則，我們會儘量幫助每個人找到他的粉絲，找到會喜歡他、理解他的人。在快手上，這位大爺找到了九萬多粉絲（截至 2019 年 10 月），其中就有我。每天晚上 7、8 點，這九萬多粉絲裏恰好有二三十人有空陪着他、聽他拉二胡。他只想有人陪陪他，罵他拉得臭都行，那也比沒有人理他要好。

老人的孤獨感是非常嚴重的社會問題，並且這個問題的解決難度非常大。快手實際上提供了一個方案，並且是一個通用化的方案，不是針對他一個人的，而是針對這一個羣體的，孤獨感是很多人感到不幸福的重要原因。

再講一位侗族小姑娘的故事，她來自貴州天柱，本名叫袁桂花，但在快手上她取了一個洋氣的名字，叫「雪莉」。最早她是在快手上發很多展示鄉村生活場景的視頻，她自己修的茅草房子、自己做的弓箭，她找到曼珠沙華，即紅色彼岸花，漫山遍野都是，受到很多粉絲的喜歡，因為很多城市裏的人接觸不到這些田園風光，這就是所謂的詩和遠方。

她 18 歲高考失利，回家務農，白天沒事了就給大家拍點兒視頻上傳。後來發現有很多粉絲喜歡看她和她生活的場景，很多人說要去看她，但她說家裏破破爛爛，沒有地方可以住。有一天，她在家旁邊找到一個池塘，池塘旁邊有一個山窩，山窩裏有一個半圓的地方，她說要不我在這裏給你們造個房子吧。她開始給粉絲們造房子。這個姑娘啥都能幹，她有一次發了單手切磚的視頻，還能扛一根原木到屋頂上。

本來她經歷了很大的挫折，上不了大學，走不出生活的農村，但是快手給了她一個機會，她走不出去，那就讓別人進來。桂花現在是村裏最厲害的人，帶着全村的人造房子。她不只是改善了自己的生活，還帶着全村的人幹，賣家鄉各種各樣的農產品，宣傳村裏的田園風光，改善整個村子的生活。

大家可能會認為桂花是一個孤例，實際上中國約 87% 的人沒接受過高等教育，大多只能留在家鄉找出路、找機會。怎麼找？當快手把注意力給他們時，他們就可以找到自己的方案，改善生活。桂花一開始只是改善自己的生活，慢慢開始可以照顧家人，現在可以帶動家鄉發展旅遊業。桂花是根據個人和粉絲互動的情況，自己來運作這個方案的。

當我們把注意力以普惠的方式像陽光一樣灑向更多人的時候，這些人會找到最合適自己的個性方案，更有針對性、更有效率。張家界導遊小哥周天送就是這樣的例子。

我的老家就在天門山的西南角，張家界附近。周天送為人特別熱情，他在快手上拍攝視頻介紹張家界的自然風光，冬天的雪景、樹上結的冰、清晨的雲遮霧罩，大家非常喜歡，他也因此漲了很多粉絲。因為粉絲多了，所以他自己創業成立了一家公司，現在手下有幾十個人。也是屬於 87% 羣體的他，將快手和當地的風景、當地的資源結合，找到了出路。當注意力分配更加普惠的時候，就可以幫更多的人創業。快手的普惠理念創造了更多的機會，但並不是快手選擇他來做這件事情的，機會是他自己抓住的。

小遠是一位來自安徽鳳陽的小姑娘，在合肥的大排檔裏唱歌。我在快手上關注她快四年了，看着她一點點地變化。最早的時候，我們在評論裏問她：「小遠，你的理想是甚麼？」她回答：「我的理想就是今天能夠唱十首歌，差不多能掙兩三百元，養活自己。」到2018年的時候，我又問小遠同樣的問題，她說她要給她的媽媽買一套房。三年裏她的理想變了，從養活自己變成要孝順媽媽。

在大排檔唱歌的女生，家境往往很困難。四年間，她最大的變化是自信了，這個自信寫在她的臉上、寫在她的言談舉止中。這個自信是怎麼來的呢？有時候粉絲說，小遠，你今天眉毛畫得像毛毛蟲一樣。她就知道自己畫得不好，第二天就畫細一點。有時粉絲又會說，小遠，你這條連衣裙不錯，看着挺苗條的。她就知道甚麼樣的衣服會顯身材、適合自己。在這種互動中，小遠一點點改進自己，互動多了，她就會變得愈來愈自信。

注意力可以讓一個人變得更自信。當我們把注意力給更多的人時，就可以讓他們在跟人的互動中變得愈來愈好。當然這種變化不是快手定義的，我們提供的是一個介質，讓人們去相互影響，自己找到自己應該怎樣改變的路徑，這裏面就有千千萬萬個小遠。

快手裏面也有很多名校大學生，高學歷的有博士，還有國外名校的畢業生和老師，身份標籤很光鮮，但不具有代表意義。我上面講述的這些故事其實是關於中國今天的大多數人，是對社會真正有借鑒意義的代表案例。

提升每個人獨特的幸福感

我給快手團隊提出一個使命，就是提升每個人獨特的幸福感。為甚麼要說「獨特的」，我認為每個人的幸福感來源是有差別的，他們的痛點不一樣，情感缺失的原因不一樣，有的人因為孤獨，有的人因為貧困，有的人渴望得到理解。那麼快手怎麼去做到這一點呢？

幸福感最底層的邏輯是資源的分配。社會分配資源的時候容易出現「馬太效應」，即頭部人很少，但得到的資源很多；尾部很長，但得到的資源非常少。就像《聖經》說的：凡有的，還要加倍給他，叫他多餘；沒有的，連他所有的也要奪過來。《老子》也說：天之道，損有餘而補不足；人之道，則不然，損不足以奉有餘。

快手要做的就是公允，在資源匹配上儘量把尾巴往上抬一抬，把頭部往下壓一壓，讓分配稍微平均一些。這樣做是有代價的，總體效率會下降，這也是考驗技術能力和執行能力的時候，如何讓效率不下降，或者說下降得少一點。

當我們做資源分配的時候，儘量要保持自由，本質上是說，在契約、規則確定的情況下，儘量少改，別讓人殺進去干預資源分配，儘量有一個大家都能夠理解的、公平的規則或契約，如果覺得有問題也是先討論再修改，而不是殺進去做各種干預。我覺得幸福感的來源核心在於，我們在做資源分配的時候，在資源平等和效率之間，在效率和損失可以接受的情況下，自由和平等這兩者可以往前排一排。

我的幸福感從何而來

最後回到我的幸福感這個話題。前面說過，我選擇利他，並發現最好的利他是能幫到全社會的人，能夠找到天下人幸福感提升的最大公約數。我相信注意力的分配是其中一個計量方式。

在不同的社會、不同的經濟發展階段，會有不同的因素影響人的幸福感，注意力的分配是我們今天找到的一個因素，我們還會持續去尋找其他的因素，這是我對自己幸福感來源的定義。

有人可能問我，作為快手的 CEO（首席執行官），你是不是全天下認識網紅最多的人，我的答案特別簡單：恰恰相反，我是全天下認識網紅最少的人之一，我關注的網紅我一個也沒有見過。因為我擔心，當你掌握了資源，又制定了資源的分配規則時，會成為一個非常有 power（權力）的人，就會有人因為利益來找你，請求資源傾斜，破壞機制。權力使用的早期你會感覺很爽，享受使用權力的快感，非常像《魔戒》裏的情節，戴上魔戒的瞬間你可以變得很強大，可以操控很多人和事，但是時間一長，你所有的行為就被權力定義，實際上是這個魔戒在操縱你，是權力在操控你。這是我心中特別恐慌的事情，為了防止這件事發生，我做了很多機制性的建設，建了很多「防火牆」。

我特別希望大家能夠一起做更多的事情，讓這個社會變得更好，讓更多的人變得更加有幸福感。今天我們處在一個特別有意思的時代，互聯網能夠跨越距離的限制，讓人和人之間更快、更便捷地連接起來。我們有大規模計算的能力，有做 AI（人工智能）、機器學習的能力，這是世界上很多人不具備的能力。我們應該發揮好這種能力，去幫助那些不掌握這種能力和資源的人，在快速變化的時代也能夠變得更好。這是科技革命帶來的進步和效率的提升，把效率產生的增量反哺到國民身上，這是我一直在想的事情，希望未來也能夠一起探索把這件事持續做下去。

序二
還原被神秘化的快手

張斐① 晨興資本合伙人

投資快手的邏輯

2011 年我們就下定決心只做與信息流相關的事情，並開始系統地看所有與移動的社交和視頻相關的項目，快手正是在這樣的大邏輯下被我們發現的。

其實每一代互聯網的演進都是由於生態系統發生了巨大的變化，而每一次生態系統的變化都會產生許多機會，其中你可以有很多選擇。但如果你關注最本源的東西，就會發現網絡結構和內容兩個因素主導着整個互聯網的大生態系統。

主導因素一：網絡結構

網絡結構在 PC（個人計算機）網頁時代與移動互聯網時代有着根本的不同。

在 PC 網頁時代，網頁是基礎節點，它是靜態的，不能私有，

---

① 張斐，快手的第一位投資人，擁有逾 18 年風險投資經驗，專注通訊、互聯網及媒體領域。此文由《捕手志》創始人李曌採訪並整理成文，首發於《捕手志》。

所以搜索引擎就成了一個非常強勢的結構，它是一個典型的樹狀索引。用户從谷歌或百度進來，搜索引擎會根據網站的內容相關度、鏈接權重，推薦給用户。基本網絡拓撲結構如圖 0.1 所示。

而在移動互聯網時代，人通過手機成為基礎節點，網絡結構以半封閉 App（應用程序）為主導，節點鏈接更加複雜，網絡去中心化程度非常高，所以搜索引擎在移動時代失去了核心的位置。

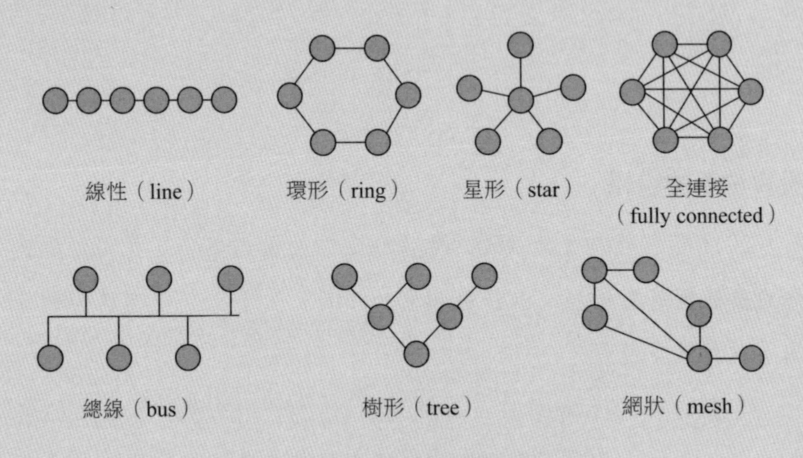

圖 0.1　基本網絡拓撲結構

主導因素二：內容

如果內容是不能流動的，那麼它的價值就非常低，就如同放在一個靜寂山谷中的一本書，沒有任何商業價值。PC 互聯網時代下的內容分發和獲取成本很高，如果你對某個內容感興趣，就需要輸入準確的關鍵字，通過搜索引擎，打開許多不同的網頁才能獲取。

2004 年 RSS Feeds（聚合內容）這個新的基因出現後，給內容的分發帶來了巨大的改變，內容由過去你主動抓取轉變為你被動接受，它可以根據你的特點與需求及時精準地推送給你，用户的體驗得到了極大的提升。

水的價值體現在流動帶來的生態系統，如同水一樣，內容也需要流轉，而信息流有力地加速了內容的流動，所以信息流是整個互聯網生態系統中非常核心的東西。

同時，社交網絡可以和信息流結合得非常好，Facebook（臉書）是非常典型的案例。從校園裏開始幫助學生增加人與人的連接，並幫助他們分發內容，到幫助全世界的人增加連接和分發內容，如今Facebook的月活躍用户接近20億，日活躍用户達13億，已經演變成了一個非常複雜的網絡結構。最終，你會發現做社交項目的都是在構建一個網絡結構。無論是一對一、一對多，還是多對多的鏈接，都是為了分發內容，網絡結構決定了內容分發的路徑和效率。

而在社交網絡中，內容本身是一個非常核心的要素，是分發的基本單位。形態可以是多種多樣的，比如文字、圖片、音樂、視頻，將來可能是VR（虛擬實境）。而視頻作為一種新的內容載體，比文字的表達更直觀，加之視頻生產門檻及成本不斷降低，與信息流結合所帶來的更高效分發，必然會使視頻內容迎來大爆發。

我一直對視頻非常感興趣，也投資了很多相關的企業，比如早期的PPS（網絡電視軟件）、迅雷，在2004年我還投資了一個在手機上做直播的公司，團隊的技術能力很強，但最後卻沒有成功。經歷過那個階段，你會發現當時的應用程序可以做得很好，但大環境還沒有成熟。

到了2011年，我們就覺察到Everything is ready（一切都準備好了）。當時Facebook與微博發展得已經不錯了，而信息流也成了一個相對主流的形態，與手機緊密結合，能夠實現非常好的傳播效果。（2012年全球移動互聯網用户使用App時間增速最快的五類應用見圖0.2。）

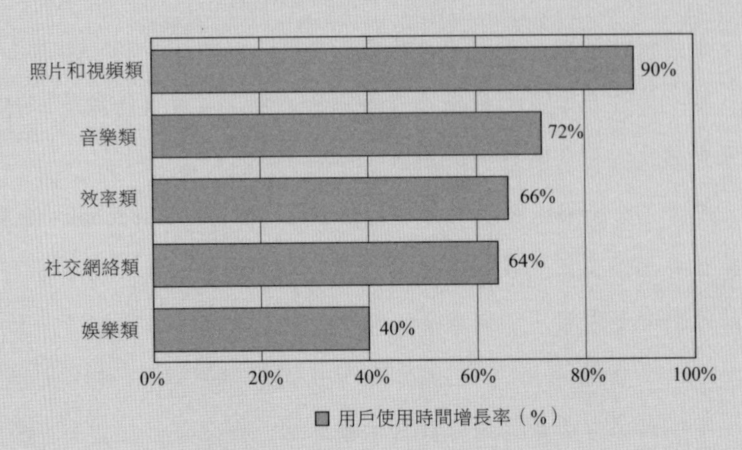

圖 0.2　2012 年全球移動互聯網用戶使用
App 時間增速最快的五類應用

資料來源：艾瑞諮詢。

注：本次調查分析了 800 萬個移動用戶使用的所有應用程序分類，包括蘋果的 iOS（移動操作系統）、安卓系統、微軟手機操作系統、黑莓手機操作系統等平台的應用程序。

總結來看，在新的生態系統中，只有改變網絡結構及內容，你才可能在一個領域裏成為巨無霸。

從 2011 年開始，我們就在尋找這樣的機會，與信息流緊密相關的移動社交與視頻便成了我們瞄準的方向。快手、秒拍，包括其他那些被我投資的公司都希望在特定領域裏捕捉到生態系統中結構和內容變化所產生的機會。

初見快手

其實我先投資的是秒拍，當時韓坤（「一下科技」創始人兼首席執行官）還在酷 6，我把韓坤拉出來創業，又拉了 PPS 的雷亮、張洪禹和我一起做韓坤的「個人天使」。後來，我的同事 Elwin（晨與資本合伙人袁野）向我推薦了快手，當時快手還是一個 GIF（圖像互換格式）工具，叫作 GIF 快手，直到 2014 年 11 月，才更名為快手。

那個時候，在手機裏做一個 GIF 動圖，難度挺大的，既要盡可能少佔內存，操作又要能夠簡單易上手。而程一笑（快手科技創始人）把 GIF 這個工具做得非常簡單，你只要有一點創意就可以，這樣，有趣的動圖很容易就在微博上傳播起來。所以快手最早的那批用户非常貼切地說是一批有創意的動圖愛好者。

雖然快手早期的產品是 GIF 的形態，但它和視頻一脈相承，一張一張圖片就如一幀一幀的視頻，不過它和秒拍卻是兩個不同的切入點。其實對投資人來說，我們知道大方向是甚麼，但具體選甚麼點切入，我們根本無法判定。

當初看快手覺得做 GIF 的切入點挺好的，事後你再看會覺得那個時候直接做視頻會更好。但那時候做視頻的人都很「傻」，當初韓坤做「一下視頻」是很痛苦的，因為根本沒有人用，用户也不知道拍甚麼。

我見程一笑的時候，快手還是一個個人軟件，後來我們幫他成立公司，投了 200 萬元，佔 20% 的股份。我是比較喜歡個人軟件的，因為做個人軟件的人大多數都是天生型的產品經理，他們願意去折騰是源於自己內心非常熱愛所做的事情。

當初我們去美國交流，發現美國的投資人也講同樣的邏輯，喜歡投具有產品經理特質的創始人，而且通常偉大的社交產品都是第一次創業的創業者做出來的。

實際上，在這個世界上大致有兩類人：一類是外向、社交能力很強的人，他們不需要在虛擬世界裏尋找情感的表達；另一類是在現實社會中交際、表達受挫的人，他們有很強的動力在虛擬世界裏展現自我，如果這是他們唯一溝通的通道，那麼他們對如何在虛擬世界裏表達自我的認知是超越其他人的。

一笑就屬於第二類人。這類人在做社交類的產品上會有天然的優勢，在我看來一笑是一個非常優秀的產品經理，他的很多認知是非常獨特的。

我對他印象最深的是他堅持快手不做轉發。當時微博的轉發功能很火，照搬過來非常容易，但快手不做。一笑的產品思維是，只要你發一個內容，我一定會給你展示出來，這是一個基於平等的邏輯。

而一旦轉發，頭部效應就會很明顯，就沒有辦法讓每一個人公平地被看到。也正因為不能轉發，用户就需要自己生產內容，快手鼓勵用户分享自己真實的生活。用户平等的價值觀在快手的發展中起着非常重要的作用。

快手的發展瓶頸

2013 年的快手上主要有三類內容：美女自拍、小孩、寵物。看一會兒還行，看久了你就會很累。再加上公司在管理和團隊建設方面存在問題，所以在發展一段時間後，快手便面臨着一連串的發展瓶頸。

第一個瓶頸：轉型

GIF 快手是一個工具，它所有的生產內容都是在微博上傳播的。晨興投資後的第一個董事會上，我們就向一笑建議要做社區，形成自己的流量和用户的交互，因為做工具會很辛苦，變現也會有很大的挑戰。

一開始的推進很難，因為你要把微博這個巨大的流量源斷掉，然後再慢慢吸引流量，這個過程是很痛苦的，但如果等到工具做到一定體量時再轉型會更痛苦。用户的認知很難扭轉，所以愈早轉愈容易。一笑很快就明白了這個道理，在 2012 年 11 月左右公司產品開始往社區轉型。

第二個瓶頸：融資

為了轉型，一笑嘗試了幾次都不算成功，產品日活躍用户數也漲不上去，這時我們的第一筆投資也花得差不多了，所以那時候開董事會大家都很痛苦。

當時，我建議一笑去獲取更多的資源，包括人和錢，但這兩點對他來説都很難。投資人對他信心不足，所以基本上他見了一圈投資人，都被拒絕了。

當時除了被老牌基金投資人放鴿子外，我們還遇到一個投資人，她想投我的另一個項目，但因為那個項目快結束了，所以沒投成功。所以她就問我還有甚麼好項目，我覺得快手很好就介紹給她，她看完後就埋怨我總給她推薦不好的項目。

特別困難的時候，一笑甚至和「一下科技」的韓坤溝通，打算讓他來並購快手，但當時韓坤也沒有看上。後來，當宿華加入的時候，晨興立即追加了投資，這才讓快手慢慢地渡過了難關。

第三個瓶頸：團隊

當時，我分析快手的現狀，建議一笑找一個 CEO 來和他互補。因為從一個個人軟件到一家公司，他做產品可以做得很好，但真的要成為管理者，組織團隊帶兵打仗，這對大部分產品經理來說都是一個很大的挑戰，絕大多數人都不能勝任這個管理者的崗位。一笑可以做 CEO，但他會比較辛苦也會不開心。

後來一笑也同意去找一個 CEO。我花了半年多的時間找了非常多的人聊，大部分人聊完後就覺得我們不靠譜。

記得當時我們花了很長時間才和一個在視頻領域做得不錯的人談妥了，但最後關頭她卻改變了主意。這些經歷都曾讓我和一笑痛苦不已。一笑不太會推銷自己和公司。

後來我因為張棟（原百度「鳳巢」架構師）認識了宿華，他當時正在做一個名叫圈圈的社會化電商的項目。宿華是一個非常有特質的人，過去在谷歌中國公司研究機器學習在搜索中的應用，之後又被李彥宏挖去負責「鳳巢」系統的架構搭建，更難得的是他還有多次創業的經歷。這些都證明了他很有能力和野心，你能看到他是那種有巨大能量和激情、能做成一件大事的人，但是過去一直都很不順。

雖然我對他做的圈圈並不看好，但我很看好他這個人，所以願意投點錢支持他，哪怕圈圈失敗了也可以再試新方向。不過，宿華因為上一家公司被收購了，自己也並不缺錢，所以我並沒有投成功。三個月後他關掉圈圈來上海找我，我專門給他一天的時間聽他講了 20 多個他覺得可以做的方向，但聽起來都不太靠譜。這個時候我便提議讓他考慮一下快手。

因為宿華找方向難，一笑找人難，宿華是技術和算法驅動方面的人才，而一笑是個很有產品頭腦的人，所以兩人是一個很好的組合，於是我就安排一笑和宿華見面聊聊，這兩人聊了幾次，出乎意料地投緣。

後來我和宿華聊起當時他能夠理解一笑和快手的原因，總結道：一個優秀的人如果在他很順的時候，他是很難深入了解自己並進行深度思考的。之前，宿華經歷了很多不順的事情，心態有很大的變化，開始意識到自己的能力邊界，也意識到他需要好的搭檔和合伙人。

我和一笑都知道宿華是一個有才又有野心的人，通常很難吸引這樣的人半路加入創業公司，所以我們需要出一個讓他無法拒絕的方案。當時晨興的股份是 20%，一笑他們三個人佔股 80%，我們雙方都稀釋一半股權，湊出 50% 的股份給新團隊，其中大部分是給了宿華和他的團隊，並且我提議讓宿華做 CEO，統管公司，一笑負責產品。

對我們而言，當時做這樣的決策是非常困難的，因為宿華進來是不是真的能把公司帶入新軌道，還是未知數，但我們立馬就要失去一半的股份，尤其是一笑，設立期權池後他和團隊的股份就降了很多，但我幾乎沒有花太多時間去說服他。他是一個真正有大智慧的人，明白甚麼是自己想要的和最重要的，並知道做取捨。宿華基本上也很快就接受了這個方案。

所以，當你知道我們經歷過這些事，你就會明白每家創業公司能活下來都算是一個奇跡。

快手的爆發

半年之後宿華和一笑就合作得比較順暢了，宿華立刻就把快手的工程能力提到了很高的水平，系統性能的穩定性和架構也都得到了很大的提升。

同時，宿華將推薦算法應用到內容分發上，用戶的體驗立刻得到了改善。這得益於宿華在人工智能領域的經驗，他曾參與建立百度的商務搜索引擎「鳳巢」。當年宿華的方法論和今日頭條的方法論是一模一樣的，但快手對算法的運用要比今日頭條早，並且比今日頭條做得更好。

他們合作了很短的時間，用户就漲了10倍以上，百萬的日活躍用户數就達到了，再後來用户一直漲到了100倍以上，最後的效果超出了我們所有人的想像。當時拉宿華加盟有兩個原因：第一是希望宿華能夠給公司招更好的人，第二是借助宿華的工程能力提高快手的後端實力。這兩點都是我們非常堅信的。實際上當時我問過不少人，他們都不是很看好宿華的加入，但宿華最後卻給了我們一個很大的驚喜。

對於推薦算法應用到內容分發這一點，我們當時也是拍腦袋決定的，大家都是摸索後才知道這種方法確實很有效。那個時候，大家對信息流的應用還停留在時間軸上，按時間順序來分發內容。我們沒想過宿華將算法和興趣結合後能夠大幅地提升用户的體驗並且達到超乎想像的分發效果。從另一個角度看，這也符合我們的價值觀——優秀的人總能找到一個更好的方法來解決問題。

快手之所以能爆發，和它滿足了用户生產和分享內容的動機也有關。我們把複雜的概念先放在一邊，回到人的本性來看，無論年齡大小，人都有表達自己和被他人認同的需求。

快手滿足了年輕人表達和拓展自己交際圈的需求。我們在2013年發現很多孩子都喜歡用快手，小學生、中學生、大學生都在玩，尤其是中學生玩得很High（來勁）。孩子的世界是一片綠草地，他們需要去擴展自己的世界，如果你的平台能夠讓他們擴展，那麼一定會很受他們的歡迎。他們有一些很有創意、很搞怪的娛樂方式，比如翻跟頭和手指舞，但他們缺乏一個能夠簡單、快速生產並傳播的平台。

微博是明星、大V（活躍着大羣粉絲的用户）的天下，這和普通人的現實生活並沒有太多關係，普通人很難在上面去拓展平級的關係。QQ（社交軟件）空間裏是相對熟悉的人，無法滿足他們拓展自己交友圈的需求。而快手不僅解決了拍攝難的問題，也能夠讓他們創作的內容被更多人看到並且得到喜歡，還能夠結識更多有共同愛好的人，這對於年輕人來説是很強的需求動力。

新的人羣、新的關係都是新的差別點。你會發現所有新的領域裏爭取到年輕用户的支持是最關鍵的，因為年紀大的人容易被舊事物束縛，幾乎所有新的應用的突破都是由年輕人來主導的，而這些新的應用代表着更高的效率和更充分的自我表達。

當初，快手在遇到瓶頸時我們之所以沒有放棄它，還有一個重要的原因就是，我們發現用户是真心喜歡這個產品的，當你去看評論的時候會很驚訝，一個作品下可能有幾千條評論，這其實是很不容易的。

當初的社區也不像如今這樣網絡噴子雲集，評論當中有挺多真實的讚揚和激勵。被他人尊重，這在馬斯洛需求裏已經屬於第四層了，是非常高層次的需求，而且人對這個需求是會上癮的。試想當一個創作者在這裏得到了這麼多人的認同和尊重，他是不會輕易選擇離開的，這種良好的社區氛圍也一直在帶動快手成長。

快手興起背後的邏輯

我們生活在一個很荒誕的世界裏，何勇的歌裏説「有人減肥，有人餓死沒糧」，我們少部分人生活在繁榮的一線城市，而大部分人都生活在很貧困的地方。

其實在我看來，快手是一個非常中性的平台。很多人覺得它很新鮮、很令人驚訝，或者很難接受。我覺得這很正常，換句話說，我們的世界被割裂得太厲害了。互聯網最大的特點就是讓你有能力、有機會去看到和你完全不一樣的人。

我在快手上關注了很多人，中國有很多人因為貧困輟學，快手上有很多關於貧困家庭孩子的視頻，它們是留守兒童的生活寫實，因為我自己親身接觸過這些孩子，所以能判斷出上面大部分內容都是非常真實的。

中國有很多留守兒童，生活在被父母忽視、被社會忽視的環境裏。但他們在這裏，快手給了他們一個快樂的平台，讓他們能夠展示自己。你覺得這是低俗嗎？這其實是件非常高尚的事情，普通人能夠在快手上獲得精神上甚至是一些物質上的激勵。

「搬磚小偉」就是一個非常典型的例子，有一次我在上海給一個中歐商學院的校友看「搬磚小偉」的視頻，她一下子驚呆了，她說這個人身材這麼好。我說，是啊，人家雖然搬磚但也可以練出這麼好的身材。其實大部分人是生活在一個相對封閉的空間裏的，他們對自己關注點以外的世界並不了解。

過去，為甚麼這麼大一個羣體會被長期忽視？主要還是由於以前的網絡結構不夠好。以前的網絡結構是精英主導的結構，建一個網頁需要資金、技術，需要生成頁面，然後傳播推廣，所以它的成本會很高。今天移動互聯網的網絡結構是非常優化的，每個人都有傳播的能力，生產內容的門檻也比較低，幾乎是免費的。

快手之所以能夠深入到三四線城市，並沒有大家說得那麼神奇，其背後的底層邏輯就是技術升級，這是由技術的進步帶來的結果。技術使每個人都有表達的機會，通過推薦算法每個人都可以平等地分發自己的內容，優秀的創意者能夠更容易被關注。

以前這些人都存在，只是你觸及不到，便以為他們都不存在。如同趙本山在沒有上春晚之前就已經存在一樣，春晚只是把他的特點放大了而已。今天我們的算法非常優秀，能夠讓每一個普通的人都有展示自己的機會。

快手 App 首頁的三欄這些年幾乎沒有變化：第一欄是關注；第二欄現在是發現，以前叫熱門；第三欄是同城。同城這個窗口給了所有人一個平等的入口，有人發了內容，你可以立即看到，如果你覺得有意思便可以模仿着玩。技術推動了這些普通人的創作慾望，形成了一個內容生產的正向循環。

快手上許多影響很大的內容，都是用户「投票」的結果。算法不斷把某個內容推送給喜歡它的人羣，人羣又不斷生產這類的內容，從而形成了熱點。但這並非刻意營造而形成的，快手的營運基本上是靠技術來驅動的。

快手雖然經歷了從工具到社區再到社交的過程，但它本質上還是一個網絡結構。我們不能簡單定義它是一個社區或社交產品來約束它的發展，它會像一個生命有機體一樣，不斷進化、演變。宿華希望把快手做成一個十億用户的產品，這就要求快手這個平台的開放度要足夠大，不會給自己設很多的圍欄。就像微信一樣，它不會説只接納某一類人、不接納另外一類人，微信向每個人開放。

未來，快手一定也會去影響那些精英化的人羣，當然第一步是要改變他們對快手的刻板印象，畢竟多元豐富才是這個世界的真相。

導言

快手是甚麼

被看見的力量

1990年，美國未來學家托夫勒提出「數字鴻溝」一詞。他指出，擁有與未擁有信息時代工具的人之間存在鴻溝。中國積極推行的「寬帶中國」、「互聯網+」戰略、數字中國，乃至接下來的5G（第五代移動通信技術）戰略，都是消除數字鴻溝的重要戰略舉措。

本書提到的「注意力鴻溝」是數字鴻溝的重要組成。在互聯網上，注意力是非常寶貴的資源，其分配狀況直接影響人們的獲得感和幸福感。和很多資源一樣，注意力資源有馬太效應的自然傾向，即少數羣體享受多數資源。

從經濟學的角度來看，注意力資源的價格很貴，大部分人沒有能力享用，無法自我表達和被社會關注，處於劣勢。

如果可以把注意力的鴻溝填平，讓更多的普通人被關注，增加人與人之間的連接，發揮更多人的想像力和創造力，則社會會更繁榮，人們生活的幸福感也會更強。

互聯網的核心是連接一切。視頻時代的到來，還有人工智能技術的發展，加上快手的普惠理念，有機會在更小的顆粒度上創造更多的連接，讓原先沒有得到關注的人在毛細血管層面得到更多的關注。注意力的鴻溝正在被填平。

中國的長期投入催生視頻時代

過去幾年，因為中國在互聯網領域的長期投入，視頻領域的基礎條件快速成熟，促進了視頻時代的到來。很多條件在中國是得天獨厚的。

今天，我們可以在快手上看到很多有意思的視頻，它們鮮活地呈現了普通人的生活。

鴨綠江上的放排人，把高山上的木材順着水流運出來，這種古老的水運方式以前鮮有人知，如今卻被數百萬人關注。

城市建築工地的潛水員，很小眾的職業，但一二線城市的每一座高樓大廈都需要他們。建高樓打地基時，需要用電鑽挖幾十米的深坑，電鑽頭掉了需要他們潛到幾十米深的渾濁泥水中，把電鑽恢復原位。

賣水果的「羅拉快跑」，他在陝西富平的吊柿前直播，現場品嘗吊柿，讓幾十萬用戶看到了這個美味的特產，還可以立刻下單購買。

時光倒退五六年，大眾是沒有機會看到這些內容，並一鍵下單購買這些商品的。短短幾年內，至少有四個條件具備了。

一是智能手機的普及，現在買一部有內置鏡頭、功能非常完備的智能手機只要 1,000 元左右，甚至幾百元也能買到。

二是 4G（第四代移動通信技術）網絡的普及，普通人都可以負擔得起移動網絡的費用。即使在很偏遠的地區，國家都投入了大量的資金用於電信基礎設施建設。

在上述兩個條件實現之前，上網只能通過電腦連接網線，成本要高許多。而且一旦人員流動，就不便於遷移，而手機和 4G 網絡沒有遷移成本。

三是支付的便利。有了智能手機，買東西付錢，隨時隨地就可以實現。

四是物流網絡的發達。

這四個條件同時具備，並且全民可以享受，為視頻時代的到來奠定了基礎。視頻作為新時代的文本，相比於文字，它有自己的特點。一是視頻比文字在表達上更真切，內容更豐富。有很多成語描寫美女，如沉魚落雁、閉月羞花，但一圖勝千言。而視頻鮮活生動的呈現方式，使其又比圖片更有表現力。二是視頻的拍攝和觀看門檻更低，適合全民參與。人類對視頻信息的接受是最天然的，一個 2 歲的小孩子可以不會說話，也可以聽不懂你說甚麼，但是他能夠看到、看懂視頻表達的大致意思。人類學會寫字是要經過長時間訓練的，但幾秒鐘就可以學會用手機拍視頻。

正如文字改變了社會的方方面面，視頻也會改變社會的一切。這種改變不是簡簡單單的一個補充，也不是簡簡單單的一個增量，而是徹底的改變。

未來，如果我們的個人設備從手機進化到眼鏡，進化到 VR、AR（擴增實境）以後，影像化的產品會更大地改變這個世界。所有的應用，都要重新再設計一遍。

從這個角度看，很多人說快手是一家短視頻公司，其實並不是很準確。視頻或者短視頻並不是一個行業，只是一種新的信息載體。正如雖然文本是一種承載信息的方式，但沒有人把文本當成一個行業。

人工智能技術深入快手的骨髓

鏡頭內置進手機，人人都可以方便地拍視頻，視頻數量暴增。因而，視頻與人之間的精準匹配成了核心問題。

匹配機制最核心的有三件事：一是理解內容；二是理解人；三是將內容和人連接起來，讓它們匹配。門檻在於數據，要有人和內容之間交互的數據去做模型。

首先是理解內容。如果是文本化的內容，理解文本的技術在十年前就已經非常成熟了，可以分詞，做詞性標注、提取標題、關鍵詞、實體，以及計算重要性、情感等各種各樣的文本分析。

最近十年，學術界又發展出一整套用於分析圖像、分析文本、分析語音內容的工具。給出一張圖像，可以分析出場景。這是在學校還是酒吧？裏面有沒有人或動物？他們高興嗎？不管這是對文本還是影像，都可以讓計算機建立對內容的理解。

第二是理解人。首先需要理解一個人長期的靜態屬性，這叫用戶畫像，包括年齡、性別、身高、出生地等。其次是理解這個人的興趣偏好，比如喜歡甚麼口味，愛打球還是愛跑步，最近是想旅行還是宅在家裏。最後是理解人的意圖。一個人使用你的 App，他當時腦子裏在想甚麼？是在想要用蘋果手機還是三星手機嗎？是在想自己餓不餓嗎？

如果能夠很豐富地在這三個層面建立起對一個用戶的理解，就能在人和內容之間建立很好的匹配關係。這個匹配的關係不是靠規則來建立的，而是利用在軟件中用戶和內容之間相互互動的數據，用現在深度學習的方法做一個模型。這個模型只需要幹一件事情，即預測一個新內容和一個新用戶之間匹配的概率。如果有這樣的預測能力，內容和用戶之間的匹配就會變成一個非常簡單的問題。但是需要把這個問題拆解成這三方面，每個方面都要有能勝任的人去解決。

快手正是這樣一家以 AI 為核心技術的科技公司，AI 技術深入產品骨髓，貫穿於內容生產、內容審核、內容分發、內容消費的全業務流程。

除了分發的環節，快手還在視頻創作環節廣泛應用 AI 技術。我們希望每個人都能成為自己生活的導演，用最普通的手機也可以去記錄生活，生成相對較高質量的視頻。

把 AR 技術應用在用戶拍攝視頻的環節，給現實生活的畫面加入一些虛擬的元素，這屬於擴增實境，使虛擬世界和現實世界更好地互動，使人們在記錄自己生活的時候有更多的新奇體驗。快手之前上線的一款魔法表情叫「快手時光機」，用戶可以在幾十秒內看到自己容顏變老的過程。一個人拍自己的視頻久了會感到乏味，我們希望用戶能夠看到自己變老以後的樣子，從而更加感受到時間的可貴。

我們會運用圖像相關的算法，幫助用戶矯正拍攝中出現問題的視頻，比如髒鏡頭導致的視頻畫面模糊，光線問題導致的畫面昏暗及畫面偏色的問題。

這些玩法和功能的背後是快手對前沿 AI 技術的開發，涉及人體姿態估計、手勢識別、背景分割等多個技術模塊。這些都是快手努力將記錄形式變得更加有趣的新嘗試。

這裏有一個挑戰，上述技術都要在手機本地實時進行計算與渲染。快手擁有數億用戶，用戶的手機機型千差萬別，這要求我們的算法必須在所有的機型上都能流暢運行，這對我們的 AI 能力要求非常高，非常消耗計算資源。為了解決這個問題，快手自研了 YCNN 深度推理學習引擎，解決了 AI 技術運行受限於用戶設備計算量的問題。

在音頻方面，我們也做了非常多的工作。比如之前專業人士在創作視頻時，編輯字幕是非常痛苦的事情。現在我們通過語音識別技術，可以幫視頻製作者自動添加、編輯字幕，還可以以各種各樣的形式展示字幕，借助 AI 技術極大地降低了生成字幕的成本。

音樂在短視頻場景裏起了非常重要的作用。據統計，快手的視頻中，有 60%~80% 的視頻用背景音樂烘托氣氛。如何選擇恰當的音樂表達心情，其實不容易。讓用戶儘量貼合音樂的節奏創作動作，對於用戶的要求也是非常高的，而具備很強樂感的人其實非常少。

為了降低用戶創作視頻時選擇音樂的門檻，我們開發了智能配樂及 AI 生成音樂技術。智能配樂可以根據視頻畫面及用戶畫像為用戶推薦合適的且被用戶喜歡的背景音樂，供用戶選擇。AI 生成音樂技術通過 AI 的分析算法，可以感知視頻畫面中人的動作，然後讓生成的音樂節奏匹配人的動作，這樣極大地降低了用戶創作視頻時選擇音樂的門檻，讓大家更願意創作自己的視頻。

算法之上的普惠價值觀

快手服務於普通人的記錄與分享，平等普惠是快手的核心價值觀。我們認為每個人都值得被記錄，無論是明星還是大 V，不管在城市還是鄉村，每個人都擁有平等分享和被關注的權利，快手不會特殊對待，不捧明星紅人，不進行流量傾斜。

我們保護每一個普通的視頻生產者，每個人生產的視頻都有機會被分發出去，這是一個公平的起點，不管你是有 100 萬粉絲、1 萬粉絲，還是只有 1,000 個粉絲，都有通過一個視頻立即變火的可能性。

保護普通的視頻生產者，帶來了拍攝內容的多樣性，因為拍的人多了，內容自然就愈來愈豐富了。

我們在觀看需求的多樣性和拍攝內容的多樣性之間做匹配。由於拍攝者拍了很多新鮮的內容被別人看到了，由於觀看者看到了很多他平時看不到的內容，所以最終回到了公平普惠最基本的點上。

如今快手上的視頻總數超過 100 億，幾乎都是不重複的生活記錄，這在歷史上是前所未有的。如何讓這 100 億個視頻與觀看視頻的用戶進行匹配是一個巨大的挑戰。

過去，業內常見的做法是營運好長尾曲線中頭部的「爆款」視頻即可，但快手希望尾部視頻同樣能被感興趣的人看到，真正能夠讓每一個人都得到一些關注。

在視頻的分發上，我們不希望頭部的視頻內容佔據太多的曝光度，我們用經濟學上的堅尼系數控制平台上用戶之間的「貧富差距」。

跨過注意力鴻溝

快手從事填平注意力鴻溝的工作，這體現了普惠的理念。看上去這些都是抽象的詞，實際上，歷史上有很多普惠技術，填平過各種鴻溝。

這也正是技術和經濟演進的邏輯。剛開始，某些東西很貴，只有少數人有資格享用，多數人用不起。因為某種技術進步，它的價格降下來了，普通人也可以享用，人與人之間在某一方面接近平等，生活得到了改善，整個社會因此更加進步。

曾經，文字的價格很貴。只有少數人會識字寫字，在中世紀的歐洲，讀寫能力大部分掌握在僧侶手裏。印刷術的發明，大大增加了識字的人口數，讓思想得以自由交流和生產。當時，這是一個極其重要的普惠技術。

因為沒有保鮮技術，所以在中世紀的歐洲，胡椒的價格很貴，只有少數富人能夠享用。在大航海時代，葡萄牙的航海家發現通往印度的航線後，大量的東南亞地區的胡椒通過海路運到歐洲，胡椒的價格就降下來了，胡椒成了家家戶戶都可享用的調料。

在 19 世紀之前，顏料的價格很貴，大部分歐洲人穿的衣服是黑色的。1856 年，18 歲的化學家威廉 · 珀金合成了苯胺紫染料。

顏料便宜了，每件衣服都可以有不同的色彩，每棟房子都可以有不同顏色的塗料，世界從此多姿多采。

摩托車和汽車也是普惠工具。原來摩托車和汽車只有少數人買得起，現在價格便宜了，普通人也可以擁有私家車。對於山區的人，摩托車更是必不可少的生活和生產工具。

郵政、電話、手機都是重要的普惠技術，它們讓普通人可以寫信和發信息，具備了自我表達的能力。

快手是在這一基礎上的延伸，是讓每一個人都可以記錄和分享生活的工具。快手利用人工智能技術在內容與用戶之間進行精準匹配，讓每一個人的生活都有機會展示出來。快手其實降低了注意力的成本，跨越了注意力的鴻溝，讓每一個人都有了自我表達的能力。

被看見的世界精彩紛呈

如果信息管道不夠粗，注意力比較貴，自我表達就需要排出優先級。結果就是，不是每一個生活都能被看見，生活其實就有了高低之分。優秀的生活有資格被看見，其他生活被認為是平庸的，不值得被記錄和分享。

手工耿做的是「無用良品」，本亮大叔的唱功並不專業。按照原來的標準，他們很難被看見。

快手讓每一個生活都可以自我表達，被看見，被欣賞。每一個存在都是獨特的，生活再無高低之分。這是更加真實的世界的鏡像，是一花一世界的境界。在這個基礎上，因為可以相互看見，所以一些社羣形成了。

中國有 3,000 萬名開大卡車的司機，他們為生計長年在外奔波，還可能會遇到車匪路霸，與家人聚少離多，他們有自己的快樂與痛苦，很少被關注，也很難與外人溝通。還有，每個城市都有給殯儀館開車接送遺體的司機，全世界的海洋上漂着無數的常年不能回家的海員。

而在快手，當一位大卡車司機在駕駛室裏不經意間拍下自己工作和生活的場景，被另一位大卡車司機看到時，他們看到了自己的快樂、痛苦和壓力，彼此找到了共鳴，也更加自信了。這是一個社羣的形成過程和它的力量。

也許，對外人而言，很多視頻毫無價值，但對拍攝者自己而言，它卻是生活中不可剝離的一部分。這種社會功能，部分可以經由藝術家的創作來實現，但藝術家的創作能力畢竟有限，社羣讓很多人獲得新的知識，得到認同，相互支持，提升了幸福感。

當我們把不同的變量輸入「被看見」這個公式時，還可以得到不同的答案。

當每個人的才能可以被看見時，就有了快手教育生態。比如，蘭瑞元生活在江西省的一個普通縣城，她只有中專學歷，卻可以教全國的用戶如何用好 Excel（電子表格軟件），一年賺了 40 多萬元。

當每個好的商品可以被看見時，就有了快手電商。比如，「羅拉快跑」在拍獼猴桃的視頻時意外發現了商機，現在他已經創立了自己的「俊山農業」品牌。

當非遺文化可以被看見時，就有了快手上對許多原本無人關注的非物質文化遺產的展示。

當一個貧困的鄉村可以被看見時，那些不同於城市的美麗風景突然展現在全國人民面前，就有了遊客，有了當地人收入的增加，扶貧工作自然而然就有了落腳點。

……

這樣的例子還在源源不斷地湧現。

每個人心中都有一個渴望，希望自己的狀態、情感、靈感，能夠被更多的人看見，被更多的人理解。通過短視頻實現的記錄，讓人與人以及人與世界連接起來，而建立這種連接是非常有意義的事情。

快手大事記

2011 年　快手成立，當時叫「GIF 快手」，是一款做 GIF 動圖的工具型產品，幫助普通用戶用手機拍攝視頻，表達自己的情感和小樂趣。由於網絡終端等條件限制，當時拍攝出來的視頻只能用動圖傳播。

2013 年 7 月　快手由工具型產品轉型為短視頻社區。移動互聯網興起，短視頻的影響和作用逐漸顯現，快手工具增加了內容分享功能，用戶產生的內容可以在社區裏分享給所有網友。

2013 年底　產品加入智能算法。

2014 年 11 月　去掉 GIF 改名為「快手」。

2015 年 1 月　快手每日活躍用戶數 (DAU) 超過千萬。

2017 年 12 月　快手每日活躍用戶數突破 1 億。

2018 年 6 月　快手完成對二次元社區 Acfun 彈幕視頻網的整體收購。

2018 年底　快手每日活躍用戶數突破 1.6 億。

2019 年 6 月　快手每日活躍用戶數達到 2 億，月活躍用戶數突破 4 億。

第一章

讓每一個生活都可以被看見

本章概述

如果信息管道不夠粗，注意力比較貴，自我表達就需要排出優先級。結果是，不是每一個生活都能被看見。如果一個生活被認為不夠完美，那麼，它便沒有資格被廣泛分享和傳播。

快手讓每一個生活都可以自我表達，被看見，被欣賞。每一個存在都是獨特的，生活再無高低之分。這是更加真實的世界的鏡像，是一花一世界的境界。

存在即完美。

快手是純粹的視頻社區，普惠理念鼓勵每個人隨手記錄生活，只要視頻不違背法律和公序良俗，快手都一視同仁，給予流量。因為快手，全民記錄和分享第一次得以真正實現。連接創造了大量的社羣，這些羣落，傳遞了愛，提升了每一個人獨特的幸福感。

本章案例

手工耿：腦洞大開聞名海內外的「廢材愛迪生」

牛津戴博士：英國皇家化學學會專家教你做實驗

農民老朱：我造了一架「農民號」空客 A320

卡車司機寶哥：一路走一路拍，沒想到竟成了焦點人物

讓每一個生活都可以被看見

何華峰　快手科技副總裁

敲定這個標題之前，我和同事有過一些討論。為甚麼不叫「看見每一個生活」？至少讀起來更順。為甚麼叫「一個生活」，而不是「一種生活」？

我們還是選用了這個略拗口的版本。意思是，每個人都可以把自己獨特的生活記錄下來，並分享出去，被別人關注，達成自我表達並被關注的目的。其間，快手依託技術和普惠理念，提供了記錄和分享的工具，讓這一目的得以實現。

在上述基礎上，「看見每一個生活」成為可能。

至於「一個」與「一種」，並非咬文嚼字。「個」的顆粒度比「種」要小。在快手社區，每個人都可以展示自己獨特生活的方方面面，用「個」會更準確。

一

我曾在報紙和雜誌工作，報紙和雜誌的版面有限，記者想發表文章，需要為版面競爭。辛苦採寫的稿件，如果不夠優秀，就會被斃掉，符合要求才可發表。

這裏有稿件質量好壞的問題，其實還有版面不夠多的問題。從另一個角度看，這是由於傳輸信息的管道不夠粗，導致注意力作為一種資源變得比較貴，社會上只有很小比例的人才可以享用注意力。

電視是另一個傳輸信息的管道。電視頻道同樣有限，記者為發稿也需要激烈競爭。

不過，視頻比文字更有寬度。有些信息不方便通過報紙和雜誌傳輸，卻可以通過電視傳輸。

如果一臉憔悴的尼克遜和活力四射的甘迺迪同時出現在電視中，你更傾向於支持哪方？的確，尼克遜被認為更富有政治經驗，如果只有報紙，尼克遜應該會贏。但是，當電視媒介成為主流時，候選人的精神狀態也可以影響選舉結果。

1960 年 9 月 26 日，美國舉辦了歷史上第一次總統競選電視辯論，受電視媒介影響，甘迺迪出人意料地當上了總統。

電視還讓方言的精彩得以呈現，20 世紀八九十年代的央視春晚，很多小品節目通過方言製造笑料，製造了一種新的語言節目現象。

2005 年左右，博客流行起來，專業新聞記者對發稿渠道的壟斷被打斷。普通人也可以通過寫博客文章表達思想、展現個性，內容生產出現了極大的繁榮。

2009 年，140 個字的微博出現，又一次降低了記錄與分享的門檻。不擅長寫長文章的普通人也可以成為內容創造者。

微信於 2011 年面世，當年 5 月，微信 2.0 版本推出語音對講功能，人們不需要打字，就可以表達自我。自我表達進入了自然交互時代。接着，微信又陸續推出視頻功能，特別是視頻通話功能的普及，讓記錄與分享的門檻極大地降低。

如今，視頻時代悄然到來，我們無須學習新技能即可表達自我。相較文字這一抽象的編碼系統，門檻又低了很多。

快手是純粹的視頻社區，普惠理念鼓勵每個人隨手記錄生活，只要視頻不違背法律和公序良俗，快手都一視同仁，給予流量。因為快手，全民記錄和分享第一次得以真正實現。

二

如果信息管道不夠粗，注意力比較貴，自我表達就需要排出優先級。結果是，不是每一個生活都能被看見。如果一個生活被認為不夠完美，那麼，它便沒有資格被廣泛分享和傳播。

手工耿做的是「無用良品」，本亮大叔的唱功並不專業。按照原來的標準，他們是很難被看見的。

在快手平台上，手工耿和本亮大叔都收穫了成百上千萬的粉絲，粉絲們在他們身上找到了不同的共鳴點。

2019 年 7 月，一個名為「趙明明的限定雜貨鋪」的製作團隊因為喜歡快手上的視頻，自己製作了由 160 個快手視頻組成的合集，配以「存在即完美」的背景音樂，在網上流行，感動了許多人。

視頻裏是 100 多個形形色色的普通人，有裝了義肢跑步的姑娘，有打玻璃彈子的老太太，有身材肥胖熱情跳舞的姑娘。每個人都很普通，卻各自有各自的精彩，組成了一個充滿煙火氣的真實世界。

「趙明明的限定雜貨鋪」說：

> 在我真正地打開快手之前，我根本想像不到這是一個如此

迷幻的地方。

快手是我見過最具有蓬勃生命力的地方之一。

每個人都盡力在上面展示着自己，展示自己的工作、自己的技能、自己的家人，展示見到的有意思或者沒意思的事，展示生活賦予的一切幸與不幸，然後繼續努力勇敢生活。

生活一點兒也不完美，但努力和勇敢是讓它完美起來的唯一方式。

山海遼闊，人間煙火。

我們腳下這片國土有約 960 萬平方公里，有約 13.9 億人，每個地方、每個人都有各自的精彩。

在只有一部分人有機會表達自我時，生活其實有高低之分。優秀的生活有資格被看見，其他生活被認為是平庸的，不值得被記錄和分享。

快手讓每一個生活都可以自我表達，被看見，被欣賞。每一個存在都是獨特的，生活再無高低之分。這是更加真實的世界的鏡像，是一花一世界的境界。

存在即完美。

三

藝術家的作用是甚麼？近期看到一位著名作家發文探討這個問題。

她的父親是一位老兵，他自從 16 歲離家後就再沒見過自己的媽媽。她帶 85 歲的父親去看戲曲《四郎探母》，父親邊看邊流淚。之後，她帶父親去看了好多次，每次她父親都看得淚水漣漣，心靈震撼。

她寫道：

> 文化藝術使孤立的個人，打開深鎖自己的門，走出去，找到同類。他發現，他的經驗不是孤立的，而是共同的集體的經驗，他的痛苦和喜悅，是一種可以與人分享的痛苦和喜悅。孤立的個人因而產生歸屬感。它（文化藝術）使零散的、疏離的各個小撮團體找到連接點，轉型成精神相通、憂戚與共的社羣。

人活在世上，有許多不足為外人道，甚至自己也說不清的痛苦。優秀的藝術家捕捉到一些痛苦，寫出來或演出來，安撫人們的心靈。

藝術來源於生活，不過，藝術家的數量畢竟有限，能挖掘出來的痛苦也有限，能服務的人羣更有限。大量的人，三教九流，販夫走卒，特別是生活在社會底層的形形色色的人，經常得不到藝術家的服務，得不到足夠的關注。比如，中國有 3,000 萬名開大卡車的司機，他們為生計長年在外奔波，還可能會遇到車匪路霸，與家人聚少離多，他們有自己的快樂與痛苦，很少被關注，也很難與外人溝通。還有，每個城市都有給殯儀館開車接送遺體的司機，全世界的海洋上漂着無數的常年不能回家的海員。

而在快手，當一位大卡車司機在駕駛室裏不經意間拍下自己工作和生活的場景，被另一位大卡車司機看到時，他們看到了自己的快樂、痛苦和壓力，彼此找到了共鳴，也更加自信了。也許，對外人而言，很多視頻毫無價值，但對拍攝者自己而言，它卻是生活中不可剝離的一部分。

近來看到一句話，「生活是最好的劇本，人間的悲歡可以相通」。這種相通，可以通過專業人士創作的藝術作品來實現，比如，我們有很多戲劇作品。快手提供了另一條相通的途徑。在快手上，像大卡車司機這樣的羣落有無數個。

心理學家說，看見，就是愛。因為快手，大卡車司機的生活可以被其他大卡車司機和相關的人看見。他們得到了愛的滋養，安撫了痛苦，增加了自信和幸福感。

這些羣落，傳遞了愛，提升了每一個人獨特的幸福感。

四

我們生活在三維空間，有距離的概念，但在網絡世界沒有。在快手社區，雖然數億「屏民」分佈於全國，縱使相隔千山萬水，但每個人與每個人都是隔壁鄰居，指尖輕點，即可推門而入，看見別人家的生活。氣味相投，你可盡情在他家遊覽，還可以通過直播與主人互動；若不投緣，則隨時可離開。

20 世紀 60 年代，加拿大學者麥克盧漢提出，電子媒介的出現，使人類終將重歸部落化的「地球村」。現實的村子裏，去鄰居家串門只是抬抬腳的事，並且人與人可以面對面說話，大多數情形下不必通過文字。

快手社區是「地球村」迄今最好的實現形式之一。

手工耿：
腦洞大開聞名海內外的「廢材愛迪生」

他顏值在線，被稱為「保定樊少皇」；才華橫溢，被譽為「廢材愛迪生」。他隨便發佈幾段視頻便能收穫千萬播放量，他靠各種「腦洞大開」的手工黑科技狂攬數百萬粉絲，被稱為「耿哥出品，必屬廢品」「除了正事，甚麼都幹」。

菜刀梳子、如意八寶扇、增進友誼的腦瓜崩輔助器、地震應急吃麵神器……發明了諸多「無用良品」的「網紅焊工手工耿」，不但登上了央視，還火到了海外。

自在快手「營業」以來，手工耿共發佈 200 多個作品，吸引近 350 萬粉絲。① 他以為自己的粉絲都是焊工或者三四線城市的小鎮青年。然而某一天，他驚奇地發現，從房地產老闆到海外留學生，他的粉絲竟然遍及全網。

手工耿原名耿帥，焊工家庭「三代世襲」，然而他似乎改變了這條家族軌跡。他説，30 歲之前，他自己的人生全是低谷，一眼就能望到頭。直到登錄快手，他才發現了「自己想幹的事」，在 30 歲時迎來了人生的「一個巔峰」。

---

① 書中所有粉絲量數據統計均截止到交稿日。——編者注

小檔案

快手名字：V 手工 ~ 耿

快手號：Vshougong

籍貫：河北保定

年齡：32 歲

學歷：初中

快手拍攝風格：將天馬行空的奇思妙想變成「無用的廢品」，卻意外撩起了大眾對日常生活的有趣想像

對快手老鐵的寄語：繼續在快手平台上呈現好的設計內容

商業模式：通過有趣的設計品吸引一眾粉絲，並將其通過快手平台進行售賣

講述人：耿帥

人生前 30 年全是低谷，直到在快手意外走紅

我上學上到 16 歲，那時候，我有點兒厭學，也有點兒自負，認為一元二次方程之類的知識以後根本用不上，學習就是浪費時間。為了早點兒步入社會學習經驗，我輟學了，跟着一個舅舅到北京打工。當時，激動之情衝昏了頭腦，我心想，終於可以掙錢了。

進入工地，我傻眼了：工人們都戴着安全帽幹活，每個人一臉無精打采。我當時好奇，他們的狀態為甚麼是這樣的。

我接到的第一個任務是砸牆，聽起來很過癮，我對工友說，看我的吧，然後拿起大錘開始掄。

萬萬沒想到，這份看似「很燃」的工作會這麼累，幹了一天，我的雙手被大錘震腫了，晚上翻來覆去難以入睡，睡着了做夢還是在不斷地幹活。

我終於意識到，輟學打工的生活一點兒也不美好。

我四處打工，一個地方幹完了再換另一個地方，沒活了就回老家。我做過各種各樣的體力勞動，比如，服務員、手機銷售，還去安過燃氣爐。這樣的枯燥生活幾乎磨去了我對美好生活的所有嚮往。

可以說，在 30 歲接觸快手之前，我的人生全是低谷。

2017 年，我整整 30 歲。古話說，三十而立，四十不惑。當時我的存款只有 25,000 元左右，我想，我應該要做點兒別的嘗試，否則 30 歲「立」不起來，到了 40 歲就更「立」不起來了。

一個偶然的機會，我的發小提到，快手裏有很多焊工，用一些廢舊零件焊接出各種小擺件，擺件可以放在網上賣，價格也很誘人。

我茅塞頓開，這事兒正適合我啊！我出生在河北省保定市定興縣楊村，是一個標準的小鎮青年，我的祖父、父親都是焊工，我從小就聽着父親焊接時的敲打聲長大，現在，我也有不錯的焊接手藝。

我到快手看了看，有人做了個不鏽鋼機槍，賣 2,000 元。我心想，這東西是個焊工都能做，沒甚麼了不得的。

不過我有個特點，別人做過的東西我不想重複，我總想做一些新奇的東西。而且，我對作品的要求很嚴格，各方面都要經過反覆揣摩，會花很長時間。

起初，我做了一個視頻測試，在快手上發佈了製作電焊小螞蚱的過程，三天時間，視頻播放量超過 70 萬。我欣喜若狂，凌晨還睡不着，總是刷新視頻，看看有沒有新的點讚和評論。

正是這個視頻堅定了我要繼續做下去的想法。

後來，我研究了一個多月，電焊拖鞋沒做出來，卻做成了十幾個錢包，我把製作視頻放到網上去，漸漸地，真的有人開始關注我了。

我的創意一般都來自生活，材料也是生活中比較常見的。很快，我又花上千元買了些原材料，打算做點兒鑰匙扣、擺件之類的。其中，我用 600 個普通螺母製作的擺件，連設想帶製作花了一個多月時間，結果，這個視頻 24 小時內就播放超過了百萬次，我也漲了 10 萬粉絲。

我們村只有 5,000 人，10 萬粉絲對我來說真是相當大的數字了。

快手上第一條好評是「耿哥出品，必屬廢品」

隨着我的粉絲數慢慢增加，我逐漸開始掙到錢了。

出人意料的是，我用心研究的拖鞋錢包、小板櫈等有用的東西，大部分一個都沒賣出去，但我認為不太有用的東西卻很受歡迎，比如，奪命斷魂梳（菜刀梳子）、如意八寶扇、腦瓜崩輔助器、地震應急吃麵神器等。

第一個「爆款」是螺母手鍊，本來是我自己做着玩兒的，視頻上傳到快手上沒多久播放量就飆升至 40 多萬，好幾百人添加我的微信問怎麼賣。

我從熱情的網友中挑出了七個人，45 元一件，還包郵。那天，我從早上 8 點半開始做，到第二天凌晨 1 點打包，天亮發貨，總共掙了 100 多元，我開心得不得了。

2018 年 11 月，我收到了第一條好評。一個螺母手鍊的買主評論，「耿哥出品，必屬廢品」。這句調侃被我截圖發在了微博上。第二天，螺母手鍊就爆單了，賣出了 70 個。

我做的東西中，最紅的是腦瓜崩輔助器，彈額頭特別疼，我開玩笑說可以「增進友誼」，沒想到它成了我的店舖裏銷量最高的一款產品，一個月能賣 100 個左右。

對於手工從業者來說，這個數字已經不少了。甚至，我還因為這個「神器」上過微博熱搜，火到了國外，美國《華盛頓郵報》還專門採訪過我。

粉絲從我身上找到一種共鳴和寄託

大家為甚麼喜歡我的視頻？其實我通過私聊和評論，發現有很多朋友也非常喜歡手工，但是由於沒有時間、場地和精力，沒辦法去實現自己的喜好。正好我做的事情，他們看起來非常「無用」而有趣，他們或許是通過關注我，來找到一種共鳴和寄託。

有人說我是發明家，我不敢當，正經發明家是那種設計很偉大的、造福人類的東西的人，我覺得我應該算那種搞笑發明家。

對我來說，快手既是窗口，也是舞台：它增加了我的收入，提高了我的生活水平，使我可以維持自己的愛好，我還可以通過這個窗口見識到更廣闊的世界和更多有趣的人。

原來我做焊工一個月的工資也就是六七千元，現在我除了賣手工藝品所得的收入外，還可以通過網絡直播賺錢。

一開始我以為看我作品的人，多是三四線城市的小青年，後來發現不是這樣。一些高端粉絲，比如，房地產老闆和文化圈的人都和我互動過。前不久我在快手舉辦的活動中，還有幸和房地產大佬潘石屹 PK（比試）手藝，最後我雖然輸了，但我依然很開心。

我從未想過自己會有「影響力」。2018 年 9 月 22 日，快手官方邀請我去現場賣東西，很多朋友專程從山西、上海等地跑來跟我合影，買我做的東西，這讓我感到非常震驚。那時我才感覺自己好像真的火了。

網友給我取了很多外號，「廢材愛迪生」「保定樊少皇」，外國記者也跑來採訪我。還有人在西雅圖機場的屏幕上看到 CNN（美國有線電視新聞網）關於我的採訪視頻，發微博 @ 我，我開玩笑說：「西雅圖機場的場長比較喜歡我。」

我還從網上結交了很多朋友，我們私下聊天時，他們會給我提供很多意見和想法，「桌遊燒烤器」就是一個朋友想出來的。他給我發了一張圖片，我非常感興趣，花了兩三天做出來實物，效果也非常好。

未來希望批量化生產耿哥的「無用良品」

走紅之後，有人開始遊說我，要我多直播、多掙錢。也有人找我做廣告，比如，在朋友圈宣傳某個產品，但我不敢接，因為我不知道產品質量如何。被人關注，是別人信任你的表現，把自己不了解的產品介紹給別人，是不負責任的。

在我看來，只有持續生產好的視頻內容，才會獲得長久關注。

在此我想分享一下自己做視頻的經驗。封面一定要有趣，儘量選擇動圖，勾起觀眾的好奇心。另外，早期做視頻建議拍得稍微短一點，視頻愈短、內容愈緊湊，完播率和播放量就會愈高。

如何讓視頻更有趣，以我自己的作品為例，在拍攝用螺母做寶劍的視頻時，在結尾處我用這個寶劍扎了一下雞屁股。我發現人們就喜歡這種帶有喜劇效果的視頻。

未來我希望成立一個小團隊，並將自己認為有用的東西批量化生產，讓喜歡的人都有機會購買。

相比曾經的人生低谷，如今的生活我很知足，我既可以做自己喜歡的東西，也可以參加各類活動，甚至接受採訪。這些事情讓我的生活充實了許多，這一切多虧了快手。

牛津戴博士：
英國皇家化學學會專家教你做實驗

「戴博士實驗室」開張一年半以來，共發佈 200 多個有趣的化學實驗作品，吸引了 300 多萬粉絲。而實驗室的「主角」，是一位名叫戴偉（英文名為 David G. Evans）的 61 歲英國老爺爺，慈祥可愛如聖誕老人，説着一口流利的中文。

他是英國牛津大學博士、英國皇家化學學會北京分會主席、北京化工大學特聘外籍教授、著名化學家、英國官佐勳章獲得者。憑借專業扎實的學科背景、幽默趣味的實驗與講解，入駐快手後，他已經成為不少中國中小學生喜愛的「網紅老師」。

現在戴偉博士在中國最主要的工作就是從事化學科普教育。走到哪裏都繫着一條印滿化學元素週期表領帶的他，希望更多中國中小學生通過他在快手上的呈現和講解，了解化學的魅力，培養起動手驗證的科學精神。

小檔案

快手名字：戴博士實驗室

快手號：ukdaiwei

國籍：英國

年齡：61 歲

學歷：博士研究生

快手拍攝風格：親自動手做化學實驗，通過深入淺出且不失幽默的講解，呈現化學的學科魅力，培養孩子們的科學思維

對快手老鐵的寄語：希望借助快手平台，讓化學的魅力跨越時空局限，傳達給更多的中小學生

講述人：戴偉

化學和中國，是我的兩大興趣

我叫戴偉，快手老鐵們叫我戴博士。我沒想到會因為在快手上做化學實驗，讓那麼多中國孩子愛上化學這門學科，進而喜歡上科學。經常有粉絲給我留言說，如果你是我的化學老師，我就不會那麼討厭化學了。這讓我看到快手的影響力，也讓我在中國進行科普事業有了更大的動力。

我和中國，和快手的故事還要慢慢說起。

我從學生時代就對化學十分感興趣，我喜歡研究各種化合物以及它們發生化學反應之後的變化。我感謝我的父母，他們對我的愛好始終表示支持。11 歲時，我就開始做各種化學實驗。不過現在回想起來，全憑「初生牛犢不怕虎」的勇敢，其實那時我做的一些化學實驗危險系數還挺高的。

如果說化學是我最感興趣的自然科學，那麼中國就是我最感興

趣的社會科學。它們之間的共同點是變化。

我出生在歐洲，在我讀書的年代，關於中國的消息幾乎是空白的。20 世紀 70 年代，中美建交後，美國總統尼克遜訪華，陪同的記者們發佈了很多關於中國的消息，從那時起我開始了解中國。隨後，有關中國的消息再次空白，但我卻對中國有了更深的興趣，我想要了解中國正在發生的事。中國改革開放伊始，我便爭取了機會到中國訪問。

1987 年，我第一次來中國時，學到的第一句中文其實不是「你好」「再見」這種常用語，而是「沒有」。我下午 5 點去吃晚飯，得到的回答是「沒有」，去商店買東西也是「沒有」，去賓館住宿還是「沒有」。1987—1996 年我每年都會來中國一兩次，發現中國的變化一年比一年大。

1996 年，我正式到北京化工大學擔任化學老師，給本科生和研究生上課。當時我的朋友們都認為我瘋了。但我覺得，他們只看到了中國的問題，而我卻看到了中國的巨大潛力。於是，我在中國一待就是 20 多年。

這 20 多年裏，中國發生了翻天覆地的變化，從「沒有」到「甚麼都有了」。智能手機、高鐵、互聯網、共享產品，中國的變化就像化學反應一樣，我有幸見證了這個變化的過程。

值得慶幸的是，在中國，我也取得了一定的專業成果。我和中國研究者們共同設計了一款用於塑料大棚薄膜的新型添加劑，它可以提升大棚的保溫性能，工藝更加環保，可以讓農作物長得好、產量高。此外，我還參與研發了新型電纜阻燃材料，即使電纜着火了也能減小煙霧濃度，保證安全。

快手為我的科普帶來新的可能

不少人對化學仍存誤解。提到化學，很多人會說化學危險，認為化學會製造污染、引起爆炸等。

不懂化學的人容易被騙，輕信很多生活謠言。比如有人認為喝鹼性水可以抗癌，其實，一瓶 1 元的普通水和一瓶 25 元的鹼性水，它們對人體健康的影響是完全相同的。

化妝品也有類似的問題。現在不僅女士愛美，男士也愛美。不少人愛用所謂「不含化學成份」的面膜，我們都知道水是由 H_2O 分子組成的，但是你想一想面膜裏怎麼可能沒有 H_2O。除此之外，還有很多化學物質。所以，不要浪費錢買昂貴的「不含化學成份」的化妝品，買普通的就行。

這些誤區都源於我們對化學不了解，或者說不那麼了解。

於是，從 2011 年開始，我就將自己的工作重心從科研轉移到科普工作中來。

當時正好有一個契機，2011 年是國際化學年，非營利機構英國皇家化學學會給予世界各地分會 1,000 英鎊，希望各地分會能促進化學的發展。那時我在北京的英國朋友做了一個慈善活動，她組織教師志願者為北京打工子弟學校的孩子教授英語和美術，她問我能不能去給那裏的孩子們講化學，我說當然可以。

從此，我便開始了科普工作，每天在學校給孩子們做演示實驗，或者帶北京化工大學的研究生去這些打工子弟學校帶領孩子們做實驗。

2014 年 10 月，我正式成為北京化工大學知名學者科普報告宣講團的一員，去更多地方為中小學生講課。除了沒去西藏、江西、廣西這三個地方做過科普，中國大陸的其他省份我都去過。我總共為大概三萬名中小學生面對面做過實驗，與他們交流化學的奧秘。

面對面線下授課很有必要，但我認為這還不夠。中國有那麼多孩子，能夠到現場聽講的人是有限的。

2018 年，我的助手回山東過年，他聽朋友說到快手這個 App，便建議我們也發一些實驗的視頻到快手上試一試。當時他說，估計沒人看，如果做幾個真的沒人看，那麼我們就不堅持了。

結果視頻發出去之後，播放量暴漲，粉絲愈來愈多，大家也在留言中提出了很多有意思的問題，於是我們決定繼續做下去。

粉絲們的互動很活躍，有時還會在留言區相互討論起來，甚至有人提出問題，其他人代為解答，交流氛圍非常好。

另外我發現，不少人希望進行更加系統的化學培訓，所以我又開始在快手上錄製時間更長的「神奇實驗」系列課程，讓有進一步需求的用戶繼續學習。

現在，我在快手上已經有 289 萬粉絲。通過快手平台，我的影響力愈來愈大，很多老師、家長找到我說：「孩子只是看你做實驗還不夠，他們也想自己做實驗，能不能把你們做實驗的設備和材料打包發給我們呢？」於是我們又開發了實驗包。可以說，快手幫助我逐漸打開了思路，讓我的科普工作更加深入了。

在快手做科普，更「普惠」

中國孩子不是討厭學習科學，只是沒有機會感受科學的魅力。我在中國和英國做化學實驗，在課堂上的感受是完全不同的。

初中時期，英國學生和中國學生看到化學實驗，他們都會叫：「哇，好厲害。」但到了高中，情況發生了變化。

面對英國的高中生，你需要拿出更加刺激的實驗，他們才會感到驚喜。但面對中國的高中生，你只需要做一些簡單的實驗，他們就會「哇」。到了大學也是如此。

這是因為兩國孩子學習科學的方式不同。英國的孩子從小學習化學，化學課就是在化學實驗室裏進行的，老師和學生可以隨時隨地做實驗，一個班的學生最多不到 20 名，學生們很容易觸摸到瓶瓶罐罐之類的實驗器材，他們對各種實驗很熟悉。而中國學生則顯得生疏一些，中國學生通常理論水平很高，但動手能力偏弱。

後來我了解到，中國的班級動輒 60 多名學生，老師沒有那麼多精力和時間讓學生們親自去做很多實驗，況且實驗器材也有限。

所以我在快手上的視頻才引起了那麼多人的興趣和關注。通過我的實驗展示，我希望讓孩子們能夠進行「現場學習」以及更深刻的「思維學習」。

舉個例子，我做實驗時肯定會戴護目鏡，在歐洲做實驗時，這只是基本操作，但在中國，我發現大家還沒有養成這個習慣。

他們會問：「為甚麼要戴護目鏡呢？你又不會往自己的眼睛裏滴鹽酸。」我告訴他們，造成事故不是我們故意為之，有時，不慎的疏忽也會釀成苦果。

我當場給大家做了一個小實驗，把雞蛋當作人的眼睛，因為雞蛋清和眼球都含有大量的蛋白質，向雞蛋裏滴了一點鹽酸，很快整個雞蛋萎縮變成了白色。我告訴學生：「看到了嗎？化學藥品會傷害我們的眼睛，而且這種傷害不可逆轉，所以在做實驗時一定要用護目鏡保護好我們的眼睛。」學生們看了我的實驗，更直觀地理解了佩戴護目鏡的重要性，這就是現場學習的作用。

做化學實驗，最重要的是有疑問精神。科學家們都喜歡問為甚麼，然後用實驗驗證。在生活中，科學思維指的是，你觀察到的東西都可以通過實驗驗證，這才是真正的學習，這種學習樂趣無窮。

目前，快手是我科普合作的主要平台。我最欣賞快手的三個方面。

第一，流量大。快手每天的日活躍用戶超過兩億，我在快手上發佈各種化學實驗，每條視頻都有百萬以上的點擊量，有的視頻點擊量更是高達 1,500 萬，數據之高讓我震驚。

第二，快手是一家新公司，觀念很靈活，總在思考怎麼創新。我有了新點子，與快手達成共識後，他們就能立刻開始執行，這給了我很大的信心和支持。

2018 年 8 月，我們有一場新活動，這場活動由快手和英國皇家化學學會一起舉辦。我們會從雲南、湖北兩省比較偏僻的地區邀請 20 名高一學生和 10 名老師，一起參加我們組織的夏令營。

舉辦夏令營有兩個目的：第一，提高學生對化學的興趣；第二，為老師做培訓，告訴他們做實驗的新思路和新方法。傳統做實驗的方法需要大空間、大量儀器和材料，但現在一些實驗可以微型化，比如以前某化學品要 50 毫升，現在只需要 2 毫升就可以了。

如果項目成功，我們會將這個項目進行複製，惠及每個省的中小學生。

除了教學，我們還會做一些其他輔導工作。比如，我們希望能幫助貧困地區的孩子，建立他們的自信心。我要傳遞給他們的觀念是，只要努力，就能改變生活現狀。這也是快手帶給很多普通人的信念。

第三，我很欣賞快手「普惠」的價值觀。快手上有各種各樣的用戶，包括偏遠地區的用戶，他們可以平等地觀看我發佈的內容。我們之前做線下科普，去的普遍是條件比較好的高中，但在快手，我的講授可以跨越地域的限制。

在歐洲，很多大學老師都從事科普教育，這是一項傳統。他們認為，科研重要，科普同樣重要。比如，劍橋大學化學教授彼得・沃瑟斯、諾丁漢大學化學家馬丁・波利亞科夫、曼徹斯特大學物理教授布萊恩・考克斯等都是熱心科普的專業科研人員。不過，中國的大學老師們一般很忙，他們要寫論文、做項目，沒有那麼多時間去做科普。我認為，做研究和做科普同樣重要，我們要對得起我們的學科，也要對得起我們的孩子，才能培養出更多的科學家。

現在，在中國工作和生活的外國人、外國老師愈來愈多了。有人問我：做化學實驗那麼辛苦，為甚麼不去教英語，這豈不是更輕鬆？我說，能教英語的人很多，但是能做化學科普的人很少，所以，我願意發揮自己的專長，繼續做好化學科普工作。

從我第一次在家裏做化學實驗到現在，已經過去半個世紀了，我希望更多的中國孩子跟我一樣去享受豐富多彩的化學世界……

農民老朱：
我造了一架「農民號」空客 A320

擁有自己的飛機曾是許多人的夢想，但真正能把它造出來的人卻寥寥無幾，老朱就是這樣一個人，他親手製造了一架空客A320，並得到了空客公司官方的認可。

從原本想做一家飛機主題的燒烤餐廳，到製造了一架仿真度極高的飛機模型，再到做出了現在的飛機主題遊樂場，快手見證了老朱從 0 到 1 再到 100 的全過程。

老朱説他清楚自己並不是愛迪生，就是「愛發明」，喜歡手工製作一些自己想要的東西。人生會有許多不經意的瞬間，但夢想始終不會動搖。不經意間，他拾起兒時的夢想，造出了一架飛機。

小檔案

快手名字：農民工造飛機（開原）

快手號：zhuofeiji8888

籍貫：遼寧鐵嶺

年齡：40 歲

學歷：小學

快手主題：飛機製造

快手拍攝風格：實地拍攝飛機製造全過程 + 飛機主題小品段子

對快手老鐵的寄語：只要有夢想，甚麼時候開始都不算晚

講述人：朱躍

造飛機的夢想 33 年前就有了

我叫朱躍，是手工製造空客 A320 的主人公老朱，來自遼寧開原，造飛機的夢想其實在 33 年前就有了。

7 歲時，我在電視上看到兩個美國人自製飛機完成環球之旅，受到了強烈觸動，我也希望像他們那樣製造自己的飛機。但事與願違，我上學時成績不好，初中就輟學了。輟學後，我先是在家種地，種了一年地發現不對勁 —— 我靠種地養不了家，也找不到媳婦兒，於是就想找師傅學門手藝。

家裏把我送進縣裏的技術學校學習家電維修，學了一年，技校倒閉了，於是我開始在社會上找工作。我從事過許多職業，修摩托車、修理電機，還學過電焊，當過鉚工、車工。後來，我自己開了個摩托車修理舖。我不喜歡喝酒、不喜歡唱歌，也不愛打牌，沒甚麼別的愛好，平時就喜歡鼓弄這些機械小玩意兒，有時也會搞一些小發明。

我的微信名字是「我愛發明」，這也是我日常生活的寫照。但我

不是愛迪生，也不知道我的這些「發明」是否會對科技進步有益，多數情況下，我都是手工造一些自己想要的東西。

我製造的「自動疊元寶機」遍佈東北

我經常在網上看到老外製造各種奇奇怪怪的樂器、遊樂設備，並把這些製作過程拍成視頻。我覺得很有意思，於是就對照視頻，把他們做的東西也做了出來。我曾造過一台一次只能崩出一顆爆米花的迷你爆米花機，還把廢棄的小轎車改裝成變形金剛……這些小玩意兒在我家有很多，都是我親手製作的。

前幾年，我看到家裏人在清明節祭祀的時候疊「紙元寶」，過程很簡單，但是比較費時間，我坐着觀察她們疊的時候，就想着能不能造出個機器，讓機器自動疊。於是我就去找材料，花了幾天的時間造出來一個「自動疊元寶機」，沒想到這個機器還挺有用，被好多人問了之後，我又稍微改進了一下，賣出去了好多台。現在，這台「自動疊元寶機」遍佈整個東北。

人生會有許多不經意的瞬間，但夢想始終不會動搖。不經意間，我的這些小發明為朋友們創造了便利；也是這不經意間，我攢了幾十萬元的存款。我想再拾起兒時的夢想，造一架飛機。

造飛機的難題都是通過快手解決的

說實話，我是一個實用主義者。理想再美好，沒有現實的支撐也是寸步難行。在我之前已經有很多人造過飛機了，他們有的成功了，有的失敗了。但我的初衷很簡單，從一開始，我就沒想過讓這個龐然大物飛起來，原本我只是想開一家飛機主題的燒烤餐廳，那段時間流行這個。

另外，我已經 40 歲了，我家旁邊就是個軍用飛機場，每天看着飛機起起落落，我會期待，啥時候才能有我自己的飛機。有些人說多掙些錢買一個，但像我這樣的老農民，哪有錢去買飛機。我有技術，買不了那就造一個。說幹就幹，這是我兒時的夢想，再不幹就老了。

於是我叫了五個好兄弟，又買了 50 噸鋼材，在家附近的廢舊廠房裏開始了我們的「飛機大業」。

與「快手」的結緣很有趣。在生活中，我是一個十分保守的人，對於互聯網的使用不是很熟練。在工廠裏看到別人玩手機我都會去阻止，我覺得每天玩手機不認真幹活是在偷懶。

直到有一次，配件廠一個年輕小夥子把我改造水管做樂器的過程拍成視頻上傳到快手上，一下子成了熱門，有好多人來問我，我才發現快手挺有趣，能夠認識很多人，也能被很多人認識。快手更像一個大號的「朋友圈」，這個朋友圈面向的是全世界，是天南海北各式各樣的人。

建造飛機的時間比較長，我們用快手記錄了每天工作的進程。就是這樣一個乾巴巴的鋼筋焊接視頻，在這個大號「朋友圈」，被許多和我有同樣愛好的人關注。他們中有專程從北京來的航空愛好者，有專業的航拍飛手，有航空公司的空姐，有做攝像頭的，有搞裝修的，有做汽車整漆的，有賣保溫材料的，還有貨真價實做航空配件的技術大拿。

在我看來，快手就是一個認識世界的窗口，我在這裏關注了很多人。不同人的生活狀態都通過快手呈現出來，好像自己也能體會他們的生活一樣。

要問造飛機難不難，不難才怪呢！最開始我們缺乏經驗，飛機頭製作一直失敗，大改了五次，小改了無數次，所有的東西都是一點一滴從鐵板割型，割完了以後對接，然後又焊。

我們也有圖紙。在做飛機翅膀的時候，我聽說這個翅膀是利用樹葉的原理做的。我讓人摘了兩片榆樹葉拿來分析，再把樹葉掃描到電腦上，最後利用 CAD（計算機輔助設計）掃描這片樹葉的形狀，做出了飛機翅膀。靠着這種方法，我和我的工友們積攢的圖紙有 20 多斤。一路走過來，反倒不覺得有多難了。我們經常把工作進度錄個視頻上傳到快手上，有時會把問題記下來在評論下面和網友互動。這個大號「朋友圈」十分神奇，我在這裏學到了很多東西，建造飛機的過程中的許多難題都是通過快手解決的。

有一天，我團隊的一個哥們兒蹲在角落裏哭呢，挺大個老爺們兒，平時幹活鐵錘子砸腳上他都不喊疼。我問他幹啥呢，他說沒事。我說到底啥事啊，他說在看快手上我們拍的造飛機的照片和視頻，再被背景音樂一渲染，感動了。

快手讓我成為「開原第二名人」

我完全沒想到我們的視頻在快手上可以這麼火爆。最火的那段時間，有路人從工廠經過，順手拍個造飛機的視頻都能成為熱門。也正因為看的人多，好多人都來找我打廣告。2018 年初，我在快手上接到一個活兒，只要在飛機上黏幾個字就能賺 6,000 元，這讓我十分開心。還有快手上搞裝修的朋友聯繫我，想給我免費裝修，條件是要幫他的裝修公司宣傳。我根本不懂甚麼是流量變現和資源置換，但是我知道這些能幫助我實現造飛機的夢想。其實我也不是甚麼廣告都接，對粉絲可能不好的廣告，我還是會權衡一下。

通過快手，我被更多的人知道，當然這也給我帶來了一些麻煩，我現在每天都能收到媒體要採訪的消息，這讓我有一種「出名」的感覺。

我的家鄉開原出了一個趙本山，現在有人說我是「開原第二名人」，說就說吧，大家開心就好。但是當各種報紙、電視台，還有一些我沒聽說過的互聯網媒體，甚至外國的電視台都來採訪我的時候，我開始反思如果再繼續執行原計劃 —— 花 80 萬元做一個用來開燒烤店的殼子，實在有愧於人們的關注。

我是一個農民，造了一架「農民號」飛機

我開始拜訪全國各地製作飛機模型的工廠，去認識所有在這方面有經驗的人，去消防隊參觀用於消防演練的飛機模型。

許多專業人士也與我建立了聯繫。比如，造駕駛艙時，得到了包括清華大學航空愛好者在內的大量業內人士的幫助。現在就是專業的飛行員到我的駕駛艙，基本都挑不出毛病來。

造這架飛機前前後後用了兩年多的時間，總共花費了 200 多萬元，我為此付出了全部的心力。從一台淘寶上買的小模型開始，到被空客公司官方都認可的 1：1 比例的大飛機。空客公司甚至邀請我去參加新飛機的交付儀式。這對我來說是一種莫大的鼓舞。

我是一個農民，我建造了一架「農民號」飛機。有一次，一位 90 歲的老奶奶從外地來到我們的工地。那時飛機還沒造好，她坐在輪椅上，請求我們讓她上飛機看看，圓自己的飛機夢。當時我十分激動，毫不猶豫就同意讓她上去參觀了，我帶着她逐個介紹飛機上的功能，還在駕駛艙模擬了開飛機的體驗。

那一刻，我覺得我做了一件無比正確的事，自己的人生價值彷彿得到了昇華。

卡車司機寶哥：
一路走一路拍，沒想到竟成了焦點人物

32 歲之前，寶哥是典型的沉默的大多數中的一員。

他生長在農村，家貧、地少，也沒有讀過幾年書，人生的前景怎麼看都黯淡無光。他從事大卡車長途運輸這一高危行業，每天孤獨行進在路途中。一直以來，他的生活點滴似乎都與外界無關。

2017 年之前，他只看微信朋友圈，沒接觸過直播和短視頻，也沒想過與親友、貨主之外的人互動。

寶哥考了大貨車駕照，結婚後開始跑長途運輸。玩快手後，無聊的運輸生活才變得有趣起來。如今，快手已經成為寶哥最重要的社交工具，不僅提高了他的收入，還讓他和背後的卡車司機羣體被更多人看見。

開始玩快手的 2017 年，寶哥 32 歲，人生有了不一樣的滋味。

小檔案

快手名字：河北滄州開卡車的寶哥

快手號：wang376612192

籍貫：河北滄州

年齡：34 歲

學歷：小學

快手主題：卡車司機日常

拍攝風格：工作與生活的原生態呈現

對快手老鐵的寄語：祝卡友們一路順風，運費愈來愈高

講述人：寶哥

我的命運從這個視頻開始改變

我從 2017 年下半年開始玩快手。當時一個朋友告訴我，下載快手吧，裏面有很多老鐵，可以廣交朋友。朋友比我玩得早，但他不發視頻，一直到現在也不怎麼發。不像我，我玩快手不久後就開始拍小視頻上傳。

朋友跟我提到快手時，我完全沒有抵觸，下了快手就開始玩。怎麼上傳視頻，怎麼與老鐵互動，都是我自己摸索的，很快就學會了，不難。

剛上快手我感覺挺好，大家互稱老鐵，朋友愈來愈多。我的視頻基本都是跟車的老婆給我拍的，拍完我就把它發到快手上，沒有事先策劃，運甚麼貨就拍甚麼貨，吃甚麼菜就拍甚麼菜，路上遇到甚麼好玩的事也把它拍下來，有甚麼就拍甚麼。其實簡單錄個視頻，也不花甚麼精力。

一開始，粉絲漲得並不快，但有些粉絲已經習慣看我的視頻，

如果哪天沒發，就會有人問我：今天怎麼沒發啊？

我發第一條視頻是在 2017 年 11 月 26 日，內容是我把大卡車車廂的側欄打開，等待卸貨，我在貨車旁邊的水泥地上，用臉盆盛上水，打香皂洗臉。這是我老婆拍的，到現在為止這條視頻一共有 69 萬多播放量、7,000 多點讚、3,000 多條評論。現在還有人不斷湧進來留言。

「你的命運從這個視頻開始改變。」有老鐵在視頻下給我這樣評論。他說的很對。

那天我共上傳了兩段視頻。另一段是我拍的，我特意寫了說明：「老婆怕我開車睏，所以給我買來大蘋果。」這個視頻的場景是在駕駛室裏，我老婆拎着一袋蘋果上車了，我又拍了車前的空地，還拍了自己的臉，我做了個「666」的手勢。我也希望漲粉啊，我在視頻說明裏寫下了這句話：「老鐵們給個雙擊加關注吧，每天不定時直播。」

我還為這段視頻配了歌曲：「我倆心相映，愛情常相守。我倆手牽手，溫情暖心頭。我倆手牽手，黃土變成金……」這是楊鈺瑩唱的《心相印手牽手》。我喜歡這首歌。我的視頻配歌基本都是這種甜歌風格的。

這段視頻的播放量更高，一共有 90 多萬。

老鐵們最喜歡看我做飯

裝貨、卸車，路上遇到堵車或意外事件我都拍下來，堵車的時候就就地做飯，晚上不敢熟睡以防偷油賊……開卡車送貨的間歇，我會跳一段「寶式」舞蹈，很多老鐵點讚。除了開車的路途見聞，我也會拍些家人的日常生活。

我拍的比較多的視頻是做飯，服務區的飯太貴了，自己做省錢。很多老鐵封我為「廚神」，因為一直都是我做飯，我老婆不做，也有人說我是「最暖卡車老公」。還有老鐵不斷問我這飯菜是咋做的，我也都告訴他們。我拍的做飯視頻特別多，關注的人也多。為甚麼他們喜歡看我做飯，我也不清楚。

拍這些東西的想法來自我自己，我覺得好玩，我老婆也支持我。

「喜歡寶哥卡嫂這麼接地氣的性格」「看懂了寶哥做人，也明白這就是人生」「加油，這才是真正的卡車生活」「生活不易，且行且珍惜」……老鐵們的留言讓人感動，他們更看重原汁原味的底層生活日常。我從沒想過自己竟有了這樣一個舞台。

我家在農村，家裏地不多。以前我做點小買賣，賣圓珠筆、液化氣之類的，收入還湊合，不如開卡車賺得多，但也不像開卡車那樣承擔人身風險。

我 2004 年考取大車駕照，到 2008 年才開始專職開車拉貨。拉一單貨，往返時間從五六天到半個月不等。

我原來的社交生活比較單調，除了同學，就是村裏的人，現在我在全國各地都有老鐵，在快手上熟識後就加微信，加了 3,000 多人。我們經常在一起吃飯聊天，生活比以前豐富多了。

現在我每次拉貨，路上一般都能碰到老鐵。不僅有開卡車的卡友，各行各業認識的人都有。前兩天，我拉貨途中在路邊做飯，錄了視頻，一個賣馬夾的女人距離我兩公里，看到我的視頻後專門騎電動車趕過來，還送給我一件馬夾。

我印象最深的是曾在拉貨途中偶遇一個開路虎的女人，她是石家莊人，在北京開鞋城賣鞋。2019 年 3 月，我們在一個服務區偶遇，她是我的粉絲，看到我後，就問能不能給我錄一段視頻，我說可以，她還送了我一雙大皮鞋。我和她老公也加了微信，我們一直到現在還有聯繫，像親戚一樣走動。她知道我家地址，經常給我們郵寄拖鞋、涼鞋、棉鞋等，把我們穿的鞋都包下來了，我不要都不行。

有一次我運了一車西瓜回家，她也準備從北京開路虎過來幫我賣。

老婆緊張我有女老鐵

中國有 3,000 萬卡車司機，這是個高危行業。以前沒有多少人關注我們，是快手把我們展現給了成百上千萬的老鐵們。以前很多人覺得我們是奇怪的物種，路上見了大車就緊張，想趕快躲開。現在他們看到了我們和他們有相通的人性。

玩快手一年多，我上傳的印象最深的一個視頻，一共有 2,000 多萬點擊量。那個視頻是我做油潑土豆絲，土豆絲大家經常吃，但這道油潑土豆絲好多人沒吃過。在視頻裏，油燒熱後，火苗子躥了 1 米多高。我還在油裏放了幾顆花椒粒，這道菜就倍兒好吃。我發完這段視頻後繼續趕路，第二天一上線，大吃一驚，漲了 10 萬多粉絲。

粉絲漲得最猛的階段是在 2019 年。我買了一輛二手的、長 9.6 米的大貨車，把原來 3.88 米長的貨車替換掉了，這輛車花了我 20 萬元。這車太長了，不容易倒車。很多粉絲好奇，寶哥能開得了這車嗎？我當然能，我開車技術特別好。買了這輛車之後，我出一趟門跑一次運輸能漲 40 萬粉絲。我基本上一天發兩三條視頻，出一次門在路上大概一週時間，會在快手上發十幾條視頻。買這輛車之前，我有約 60 萬名粉絲，現在已經漲到 318 萬多了。

我的粉絲愈來愈多，有一個階段我老婆不想給我拍了。因為有好多女粉絲留言說：「寶哥，我要嫁給你……」她開始以為這些女粉絲都是認真的，就不給我拍了。後來她知道大家是開玩笑的，才繼續給我拍。

不到兩年時間，我已經上傳了 1,000 多條視頻。我也關注了幾百個老鐵，他們大多是卡車司機。線下我們經常見面。打開快手同城，就能看見哪個老鐵在附近。

老鐵們經常給我聯繫拉貨，線上溝通，線下接活，這給我省了信息費。不上快手的時候，我接一車貨要交 500 元。通過快手，我現在每月能多接幾單貨。

有時到一個陌生的地方，我也常會尋求老鐵的幫助。比如拉樹苗去雲南，那邊山路多，小路特別窄，手機地圖看不出能不能通大車，我就通過微信向在快手上認識的卡友問路。哪條路不好走，哪裏的貨不要拉，哪裏的罰款太黑，等等，大家都互通消息。路上遇到困難，直播的時候說一聲，就有附近的老鐵來幫忙。有一次，我在衡水辦臨時通行證，居然是一個在直播裏總罵我的黑粉前來幫忙的。

世界很大，我成了焦點

我還有帶貨能力。2019 年 6 月，我幫一個老闆拉了一批紫洋蔥到北京。原以為很快他就能賣完貨給我結賬，沒想到過去兩天了，他才賣了一半都不到。紫洋蔥容易壞，我就低價收購了這車洋蔥，然後在快手上發了一個 57 秒的小視頻。

「老鐵們，宣佈個事兒，這車洋蔥我包了，路費沒要，我還貼了些錢，這車洋蔥老闆處理給我了。幹啥都不容易。我跟老鐵們說一下，給自己打個廣告，明天有買洋蔥的，西高集橋頭，便宜處理，老鐵們有要的過來，謝謝老鐵們支持。」我一陣吆喝。

結果附近開卡車的老鐵們紛紛過來，把洋蔥拉走去賣。一上午16 噸全部賣光了。我本以為要賣兩天呢！有些無法到現場的網友，還希望直接轉錢以示心意。還有瀋陽和石家莊的卡友，開車 200 多公里特地來北京見我。

那次賣了洋蔥之後，我有了經驗。現在拉貨去一個地方，看到當地有便宜的特產，我就不再從貨主那兒接活了，而是自己買些特產拉回老家賣。比如，有一次我買了一車西瓜回來賣，一兩天就賣完了，比拉貨多賺五六千元。在玩快手之前，我沒這樣做過，現在老鐵和粉絲多了，才敢這樣做。

雖然有帶貨能力，但我不接廣告，因為我不了解產品，怕產品不好老鐵們罵我。我也不怎麼開直播，我沒有才藝，看的人不是很多。我更多是每天拍小視頻，然後上傳。

這兩天我給何二蛋拉了一輛勞斯萊斯，從石家莊送到滄州，他是我的老鄉，買了這台豪車讓我運輸。何二蛋在卡友圈子裏無人不知。我們是在快手上認識的，他給我刷了禮物，請我吃飯，有活就讓我幹。

我也不會別的，就用手機拍拍我的生活、運輸工作，拍拍我見到的花花世界。我沒想到這會讓我成為焦點，目前我打算就按照這個路數繼續向前走。

我現在只在快手上發短視頻，幾乎每天都發。離開快手就感覺缺點兒甚麼。我有點兒想不明白，這個快手怎麼這麼神奇呢？

第二章

快手電商：讓老鐵們買到源頭好貨

本章概述

目前，快手電商每天覆蓋的用戶規模超過 1 億人，還在快速發展中。2019 年 6 月，有「互聯網女皇」之稱的瑪麗・米克爾在《2019 年互聯網趨勢報告》中將快手直播購物和快手小店作為線上零售創新的代表。

分析「羅拉快跑」的案例，可以看到快手電商發展的動力。首先是中國在互聯網領域的長期基礎性投入。其次是短視頻作為內容載體的威力。最後是直播比視頻有更及時的互動，進一步縮短了買家與賣家的距離。

短視頻電商被稱為電商 4.0 版——從電商 1.0 版的文字傳播，進化到 2.0 版的圖文結合，再到以廣播、電視等形式傳播商業信息的 3.0 版，進而發展到以快手為代表的互動式實時傳播。

本章案例

娃娃夫婦：我們如何一小時直播做成 11 萬單生意

羅拉快跑：通過快手把「樹上熟」賣向全國

山村二哥：在快手切一個橙子，意外成為「水果獵人」

咸陽二喬：從快手「廚神」到油潑辣子電商大王

浩東：重慶「炬耳朵」的表演夢和生意經

快手電商：讓老鐵們買到源頭好貨

白嘉樂　快手電商運營負責人

申俊山原來是賣瓷磚的，2017 年的一天，他用自己的快手賬號「羅拉快跑」（現已更名為「俊山農業」）上傳了一個獼猴桃果園的視頻，獲得了 40 多萬的點擊和數百個訂單。

之後，他不再賣瓷磚，專心在快手上做起了水果生意。如今，他不僅年入幾百萬元，在全國建起數個水果基地，還有了「俊山農業」自有品牌。

「羅拉快跑」是快手電商的一個典型案例。目前，快手電商正在快速發展中。2019 年 6 月，有「互聯網女皇」之稱的瑪麗 · 米克爾在《2019 年互聯網趨勢報告》中將快手直播購物和快手小店作為線上零售創新的代表。

電商 4.0

分析「羅拉快跑」的案例，我們可以看到快手電商發展的動力。

首先是中國在互聯網領域的長期基礎性投入。「羅拉快跑」可以從事電商工作，至少要具備四個條件：一是智能手機的普及；二是 4G 網絡普及，並且普通人也可以負擔得起；三是支付的便利；

四是物流網絡的發達。這些條件同時具備，可能目前是中國獨有的。快手電商正是在這樣的前提下誕生和發展的。

其次是短視頻作為內容載體的威力。過去，商品信息的表達，靠文字、圖片和音頻。視頻大幅提升了商品信息量的表達，提升了消費者購買決策的效力。比如，「羅拉快跑」在陝西富平的柿子基地，現場掰開一個柿子來吃，這種直觀的感覺傳遞是圖文和音頻無法做到的。

最後是直播比視頻有更及時的互動，進一步縮短了買家與賣家的距離。「羅拉快跑」天天做直播，買家有任何問題，隨時提出，賣家在第一時間解答，打消買家的顧慮。直播還有監督功能，如果賣家賣的貨不好，做直播時，有買家吃了虧，就會當眾提出來，這對賣家有很大的壓力。

短視頻電商被稱為電商 4.0 版——從電商 1.0 版的文字傳播，進化到 2.0 版的圖文結合，再到以廣播、電視等形式傳播商業信息的 3.0 版，進而發展到以快手為代表的互動式實時傳播。

啟動快手電商

2018 年底，我們發現，快手平台上每天與商業需求相關的評論超過 190 萬條。經過再三衡量，我們決定小心嘗試，讓快手電商慢慢地去拓寬局面。經過半年的努力，快手電商有了很大的提升。

我們的工作主要在以下幾個方面。

一是提供更簡單易用的內容創作工具。讓賣家通過工具創造更好的商品展示，我們把內容更精準地分發給感興趣的人，其實是在做商業各個環節之間信息的匹配和對接，降低信息的不對稱性。基於普惠的原則，讓每個用戶都有機會被發現，降低了個體參與商業中各個環節的門檻。

二是讓交易的各個環節更加便利。商家可通過個人主頁上線商品，並通過視頻頁及直播畫面開啟「小黃車」功能，用戶點擊「小黃車」可直接進入商品展示頁面，在站內直接完成購買。

三是讓用戶買得放心。快手與多家電商平台合作引入「源頭好貨」，可售賣平台包括淘寶、京東、拼多多、魔筷等。

老鐵社區

電商考驗的是整體營運能力，賣家不僅要關注商品的曝光和轉化，發貨、售後、複購等成交之後的流程也是非常重要的環節。對快手站內小商家來說，他們可能資金有限，需要提升電商能力，對貨品的把控也需要官方賦能。對站外大品牌商家而言，他們可能缺少流量，不了解快手生態，很難漲粉賣動貨。針對不同體量、不同行業商家的商業訴求，快手電商需要開發全面多樣的電商功能及業務。

一是品牌商入駐。快手從 2018 年開始大批量引進優質品牌入駐快手，現在已經有超過 3,000 個不同品類的頭部品牌在快手通過視頻宣傳分發自家的產品。2018 年，平台聯合商家分別舉辦了快手賣貨王、快手年貨節等，超過 10 萬的平台賣家及主播參與到活動中，達成了數億元銷售額，以及超過 1,000 萬次的用戶點擊連接，商家與主播建立了密切的合作關係，創造性開拓「網紅賣貨」的新模式。

二是快手小店。快手小店是快手電商新推出的電商交易功能，用戶可直接在端內完成商品信息編輯及管理，實現交易閉環。快手小店訂單系統完善，支持多種付款方式，能夠滿足三四線城市用戶的支付場景，有效提高購買轉化。同時，簡單的商品上下架流程，降低了小商家做電商的門檻。在流量的獲取上，快手電商更是取代傳統電商拿錢買流量的形式，讓更多有內容創作能力的用戶通過短視頻賣貨漲粉，既降低了獲客成本，也真正實現了粉絲流量變現，讓創作更有動力。

三是電商服務市場。快手電商引入了一批優質電商服務商，對站內用戶完成電商知識培訓，同時實現上游供應商與紅人的雙向對接。通過向用戶提供供應鏈能力和電商銷售技能的支持，為用戶解決無貨可賣、無方法可賣的痛點。首批接入的服務商包括如涵、網紅貓、金鏑互動、卡美啦等，這些服務商可為商家提供可靠的供應鏈資源、電商銷售培訓和服務，甚至店舖的代營運服務。

未來之路

一個平台強烈追逐自身商業利益最大化的行動是短視的、不健康的。只有讓更多用戶通過平台獲益，生態才是長久的、有生命力的。基於此，快手電商提出生態安全、生態繁榮、生態共榮的發展策略，致力於為用戶、商家、平台三方實現共贏，實現快手電商生態的長遠發展。

首先是生態安全，業務高速發展的同時不能忽視用戶體驗。快手始終把用戶利益放在首位，在完善服務能力的同時，快手更是將消費者保障作為工作的重中之重。快手電商推出「雷霆計劃」，意在提升快手電商平台 NPS（淨推薦值）指標，將平台商家 DSR（商品描述、服務水平、配送物流）動態評分提升至 4.6 分以上，並且保持穩定。主要通過打擊典型、加強管控和提升服務等手段，實現快手電商產品能力與營運能力的提升。「雷霆計劃」啟動後，共處理關停 1,038 家商家，處理主播 1,500 餘人，下架商品達 30,000 多種，平台整體 DSR 評分大幅提升，用戶滿意度也提升了 50%。

其次是生態繁榮，快手電商希望通過「種草」內容讓用戶產生關注，從關注中實現交易轉化，豐富平台創作者的種類，展現更加豐富的生活場景。2018 年末，快手電商發佈麥田計劃，以「內容 + 社交」為驅動，打通快手電商和快手其他生態形式，更好地在電商的「人、貨、場」等方面為用戶賦能，並以「新國貨、新農商、新公益、新娛樂、新匠人、新課堂」六大方向為發展重點，立足垂直領域、稀缺內容的探索與深耕，建立快手電商的獨特競爭力。

最後是生態共榮，快手電商希望實現頭部達人與中長尾商家共榮、線上交易與線下消費共榮、富裕地區與貧困地區共榮。為此，快手電商將推動中長尾的電商商家數量提升，給予內容創作者更多價值上的支持。同時，快手電商將與商業化部門共同合作打造零售寶，將線下的交易映射到線上，減少實體商家被互聯網電商影響的現狀，讓實體商家更好地實現互聯網轉型。同時，面對貧困地區，快手電商將用流量和技術優勢，挖掘與推廣貧困地區的特色物產，系統性支持物產背後的新農人，反哺貧困地區，實現精準扶貧和恢復鄉村造血功能。

娃娃夫婦：
我們如何一小時直播做成 11 萬單生意

從擺地攤到做快手電商，從日收入 200 元到年收入過億元，娃娃夫婦可以說是電商時代創業成功的典範，經歷過跌入谷底的昏暗，最終實現了逆襲。2017 年低迷時期，娃娃夫婦接觸了快手，通過積累粉絲和做直播導流，快手最終幫助他們重回事業巔峰，甚至比以前做得更好。

在他們看來，快手是一個充滿歡樂和正能量的地方，與其他平台相比，快手最大的不同在於對用户的真誠度。快手的每一步成長，都包含了用户和平台共同前進的身影。

如今，娃娃夫婦在快手的粉絲已經達到了 1,100 多萬，通過快手直播進行商品售賣，轉化率可以高達 10%。他們愛這個平台，也愛在這個平台上喜愛他們的粉絲，他們願意在未來與快手一同成長。

小檔案

快手名字：娃娃（每週一 6 點）

快手號：wawawawa

籍貫：江蘇徐州

年齡：33 歲

學歷：初中

快手主題：用直播做電商

快手拍攝風格：由娃娃穿戴店鋪服飾，進行直播，與粉絲互動

對快手老鐵的寄語：晴天總在風雨後，柳暗花明又一村

商業模式：快手直播銷售，帶領家鄉人民一起創業

講述人：娃娃夫婦

快手將店鋪帶出低迷期

我是小亮，娃娃是我的妻子。在來快手做直播前，我們的生意和生活都陷入了低谷，是快手給了我們二次創業的機會和重生的希望。

我們夫妻倆在外打拼多年，最初以擺地攤來維持生計，主要是賣箱包、飾品和衣服等。因為年輕，接受新鮮事物快，與消費者審美契合，加上我們走薄利多銷的路線，2008 年，我們每天的營收可以達到 200 元。後來進駐商場，由於接觸網絡比較早，我們開始從網上進貨，一天的營業額有 4,000 元，2009 年的日營業額就達到了 10,000 元。

後來，我們把結婚的房子賣了，拿着賣房子的 12 萬元和存下的錢一起去了廣州，準備開網店。最先做的是箱包生意，2011 年後轉為服裝生意。那陣子我倆每天只睡三五個小時，因為一件爆款

衣服，不到兩個月的時間賺了 200 萬元。

再後來，我們的業務經歷了快速增長期，最順利的時候是從 2010 年底到 2014 年底，我們賺了 1 億元。但之後，就進入了持續的低迷期，加上家裏親人去世，我們的生意在這段時間一蹶不振。灰心之下，我們把經營場所從廣州搬回老家徐州，也是在這個時候，我接觸到了快手。

起初只是聽說這個 App 很好玩，也只是以一個用戶的身份在玩快手。因為娃娃喜歡穿好看的衣服拍照，我們就把娃娃的這些照片上傳到快手上，結果有很多人關注我們，我們就繼續發一些產品的展示和穿搭，2017 年，我們已經積攢了 500 萬的粉絲。

其間，粉絲會發私訊詢問購買地址，我們把網店的地址發給他們。就這樣，快手拯救了我們的網店生意，再一次將我們的事業推向了高峰。2017 年「雙 11」期間，通過快手導入的流量，我們半小時就實現了 500 多萬元的銷售額。

起初我們沒有刻意去經營快手，更像是「無心插柳」，我們只是把產品放到了快手的平台上進行展示，結果喜歡的人就漸漸在我們的賬號下聚集起來，成了我們的粉絲，這與傳統的電商銷售完全不同。而快手粉絲的轉化率出乎意料地高。

平台的真誠與粉絲的熱情帶來高轉化率

從訂單來分析，2019 年之前，快手的粉絲大多分佈在鄉鎮和村子。2019 年後，基本已經和淘寶用戶的分佈拉平。而相比其他平台，快手粉絲的消費力和忠誠度都很高，官方對我們也很支持。一方面，支持我們傳播正能量；另一方面，電商功能的相關測試也會邀請我們。2017 年，快手幫我們放了一個立即購買的測試，我們的一款馬夾當天賣了三萬件，刷新了之前的紀錄。

之前一個月的銷量也達不到三萬件。但在快手，一兩個小時就做到了。於是我們開始思考：快手粉絲的購買熱情為甚麼會這麼高？

我們有一個十分明顯的感受，那就是在快手，我們不僅是買賣關係，大家都是朋友。我們的經營理念也是童叟無欺、薄利多銷。賣得便宜不是關鍵，更重要的是老鐵們對娃娃和我的信任。將心比心地做生意，時刻把自己當成消費者，從消費者的角度去思考問題，就一定能夠在事業上取得成就。

而我們能在一幫人裏做得還算好，也有兩方面的心得。首先，主播要有親和力。作為主播，一定不能傳播負能量。大家來快手這個平台大都是為了休閒娛樂，不能把自己的負面情緒傳給觀眾。同時也要注意自己的言行，不文明用語一定不能出現在直播中，不然會大大降低觀眾對你的好感度。其次，你需要找到和觀眾的共通點，比如，在形象氣質上、在穿着風格上等，讓觀眾知道，所見即所得，主播穿上是甚麼樣子，自己買回去穿也是這個樣子。

在快手上，老鐵的信任和忠誠就是真金白銀。

如今，我們快手上的粉絲已經達到了 1,100 多萬。一場直播可以賣出七八十萬元的商品，再好一些的情況可以賣出一兩百萬元。如果直播人數達到 10 萬，轉化率最少可以達到 10%。同時，因為快手的導流，網店的複購率也達到了 75%~80%。

我們比較分析過，快手的轉化率在各平台中應該是最有競爭力的。在別的平台，我的一個妹妹有 1,200 萬粉絲，6 個模特，每人 3 個小時，一天做 18 個小時的直播，一天也只有 15 萬元左右的銷售額。

快手曾見證我們的逆襲，我們也希望與快手一同成長

電商時代給了我們這些草根逆襲的機會，而快手則見證了我們走出低谷、重回巔峰的過程，也讓我們對這個時代更加心懷感恩。

我和妻子小時候家裏都沒甚麼錢，上學上到初中就輟學了。創業時，我們從徐州到廣州，一開始捨不得打車，就騎着自行車找了三天才租到房子。一天只睡三五個小時，全部訂單都是手寫的。請不起模特和攝影師，娃娃就自己當模特，我當攝影師。

生意漸漸好起來後，我們請了員工，從 3 個到 10 個，再到 50 個、100 個。最高的時候有 180 人。我們把父母也接到了廣州，店舖的打理，他們出了很多力。我父親之前是跑運輸的，母親開過足療店。到廣州後，他們開始幫我拿貨、搬貨。再後來，二姨、三姨、母親的其他姐妹、家裏的親戚都過來幫忙，我們也算在廣州安居樂業了。

但誰也預料不到，我在廣州的第七個年頭，人生突然 180 度大翻轉。首先是生意變得十分慘淡，銷售量從日均 10,000 單降到 1,000 單，最後連 600 單都不到，都養不起員工了，員工從 100 多個減少到 60 個。

另外，我父親在這一年突發腦溢血去世，母親身體也出了點兒狀況。那陣子我十分迷茫，感覺非常累。作為兒子，我不知所措，即便手腳並用也還是無能為力，連自己家人都保護不了，掙再多錢有甚麼用，不如回家吧。

我記得很清楚，背着爸爸的骨灰上火車的瞬間，我就再也沒有心思在外面飄蕩了。

許多在廣州做生意成功的人回到家鄉都失敗了，我也有些擔

心。這時，我的妻子娃娃給了我很大的鼓勵，她告訴我，回到家鄉我們也一定可以。然後，我們逐漸將重心轉回了徐州。

2018 年 6 月 1 日，我們正式將公司搬回江蘇徐州老家，在快手上開啟了第二次創業。那時候前途未卜，心裏有些忐忑。

但很快，快手給了我們極大的信心。不怕吹牛，2018 年我們正式在快手上經營以來，三個月的成績相當於過去整整三年的銷售額。最近的一次，在一個萬人左右的直播間，經過一個小時的直播，就完成了 147 萬元的成交額，將近 11 萬單，這在以前是萬萬不敢想的。

如今，回到家鄉一年多，我們的生意竟然比在廣州時還好。公司員工超過 200 人，去年一年的營業額有四五億元。能夠取得這樣的成績，快手真是一個神奇的地方，在這裏，我又重新找到了自信，找到了人生的方向。

下一步，我也希望通過快手將自己成功的經驗傳遞出去，帶領家鄉人民一起創業，免費培訓他們開網上商店，將家鄉的土特產，比如，土豆、黃瓜、橘子等農產品通過快手賣向全國。

羅拉快跑：
通過快手把「樹上熟」賣向全國

名為「羅拉快跑」（現已更名為「俊山農業」）的賬號現在有 50 多萬粉絲，每天有幾百單水果訂單，老客户回購率超過 80%。賬號的主人申俊山自稱是快手上銷售富平柿餅第一人，一年能夠賣出 300 多噸柿餅。

2015 年用快手之前，申俊山的建材生意做得也不錯，但在快手賣水果，不僅讓他實現了從「騎自行車」到「開寶馬」的轉變，還幫助不少當地貧困户改善了生存狀況。

申俊山還在全國建立了四個水果基地，成立了公司，打造了自己的品牌「俊山農業」。他的心願是，把公司開到首都北京去，讓關注他的人都可以吃到優質水果。

小檔案

快手名字：俊山農業

快手號：v4444444

籍貫：河南安陽

年齡：40 歲

學歷：初中

快手主題：果園、水果

快手拍攝風格：親身展示果園裏的當季水果 + 直播互動

對快手老鐵的寄語：想做快手電商，一定要有自己的特點和定位，賣水果必須要有監督，必須要在場

商業模式：成立公司，在水果產地合作承包果園，通過快手平台銷售高品質水果和水果製成品，也對下游經銷商做批發

講述人：申俊山

一段視頻引發的水果生意經

我在快手上走紅十分偶然，但似乎也是冥冥之中天注定。

我曾無意中上傳了一個獼猴桃的視頻，這一舉動改變了我的人生。當時我一下子就上了熱門，我記得很清楚，一天的時間有 40 多萬的點擊量，這讓我非常震驚。

其實那個視頻中的獼猴桃是我房東的，那時候房東家的獼猴桃成熟了，他說：「走吧，小申，去我地裏摘獼猴桃吃。」我當時就隨口答應說「行，一塊兒去」。然後我就順便在快手裏傳了我的第一個視頻。

讓我意想不到的是，開始有很多朋友給我發私訊，問我這個獼猴桃賣不賣。我也隨口應付說賣。他們就問我多少錢一斤，我隨口

說了一句，20 元一斤。其實當時獼猴桃的市場價沒有那麼高，從地裏採摘一斤在 2.3~2.7 元。我就是隨口說了個價格，沒想到還會有下文。

當時我是做瓷磚生意的，一年的收入也挺可觀，差不多有幾十萬元，根本沒有想過我還能賣水果。對方說給個聯繫方式，我在私訊裏把我的微信號給了他，這個人我看着挺老練的，他把地址、電話、姓名一起發給我，並給我發了個微信紅包，我點開一看，200 元，當時就傻眼了，心想這個人腦子是不是有問題，我們不認識，一下子給我轉了 200 元，這是第一單。接着第二天、第三天，我又接了好多單要買獼猴桃。嘗到了拍視頻的甜頭，我就又拍了一個視頻上傳。漸漸有點兒名氣了，我愛人建議我把微信號也放上去。結果往那兒一坐，手機就開始響，好多人都要來買獼猴桃。第一天 20 多單，第二天、第三天，每天幾百單，當時把我給急慌了，我說這水果怎麼郵寄呀！跟身邊人打聽，附近哪家快遞公司最好，他們說順豐，於是我聯繫上順豐，一單 10 斤，36~38 元一個包裹，東北地區 38 元。那時候地裏一斤獼猴桃的價格是 2.3 元，加上這個箱子一單能賺 100 多元。我跟房東說，把你們家的火龍果、獼猴桃供應給我，我郵寄獼猴桃的時候附送一個火龍果，送給他們品嘗，這也是我的一個策略，其實是想打廣告。

那個時候水果生意好，我特別激動。我不賣瓷磚了，改讓工人打包水果。我交代他們，白天打包，晚上發走，結果第一天發了 300 多單，我回來一算都懵圈了，一天下來賺的錢比我以前做瓷磚生意幾天都多。

要說我和快手的結緣，更是偶然。我有個外甥，是快手的鐵桿粉絲。他每天目不轉睛地盯着手機，我就很好奇他到底在看些甚麼。有天我問他：「這是甚麼東西？跟小品似的。」他說：「舅舅，你 out（落伍）了，我給你下載一個。」然後他就在我手機上安裝了快手 App。從那以後，我晚上睡覺之前都會看快手，裏邊有很多搞怪的、搞笑的、深入人心的短視頻，當時也沒有想過其中會有商機，純粹是娛樂，就跟看小品一樣。我註冊了快手賬號，叫「羅拉快跑」。有很多朋友問我是不是姓羅，我說我不姓羅，也不叫羅拉。我有名字，我姓申，全名叫申俊山，來自河南安陽的某個縣城，今年 40 歲。

有了賬號，才有了上述獼猴桃的故事，也才有了後來把「樹上熟」賣向全國的故事。

風裏來雨裏去，跟着「新鮮」跑

第一個月賣了很多獼猴桃，最終的單量是多少我記不得了，當時就知道上快手可以賺錢，於是天天開車去地裏採摘，然後發貨。在這個過程中，有很多朋友信任我，覺得我們家的獼猴桃好吃，後來他們問我：「你們那兒有榴槤嗎？」

我說這裏不產榴槤，我當時都還不知道榴槤是甚麼東西，連見都沒見過。我去網上搜，說馬來西亞、泰國產榴槤，我稀裏糊塗地就去訂機票。訂完機票又有很多人問我有沒有簽證。簽證是幹啥的，我也不知道，護照也沒有。

沒辦法，我就辦了一個加急的護照，八天就收到了。然後我外甥又幫我加急辦了簽證。帶着護照和簽證，我直接坐飛機去了泰國。我不懂當地的語言，機場旁邊有一些租車的會中文，我問租車一天多少錢，他們跟我用中文交流，說一天 1,000 元。我問能不能幫我找個翻譯，他們說翻譯一天 800 元。我感覺被坑了，因為租車一天要 1,000 元，坐飛機也用不了 1,000 元啊，但是人生地不熟，我也沒辦法。

他們給我配了一輛車和一個翻譯，我讓他們帶我去有榴槤的地方。他們說「行啊，保證你滿意」。我們就去了榴槤的生產基地，那個地方全部是榴槤，就跟玉米地一樣，看得我眼花繚亂。我在那裏拍了很多視頻傳到快手上，很多人問我多少錢一斤，我說晚上給他們回覆，因為我要跑市場，要看當地榴槤的價位是多少，我還要談價。總不能進價 40 元，我跟你要 30 元吧。

我在市場上轉了一圈，跟當地果農交談。後來我給我的朋友打電話，問國內市場榴槤的價格怎樣，得到的答案是在國內大概 26 元一斤，在泰國當地合人民幣 12~16 元一斤，我說這不行，拉回去運費貴，不賺錢。他們告訴我說這是公斤，不是在中國的斤，當時我心裏就有譜了。

泰國水果市場上有很多給中國商人拉榴槤的車，我跟他們談價，當地叫代辦，可以幫你代收榴槤，一車可以拉 26 噸，當時的價位是一車要幾十萬元，再找紙箱廠，用了幾天時間我就收了一車榴槤。

我把榴槤拉到南寧的一個水果批發市場，然後在快手上宣傳我的榴槤，當然比市場上要便宜。當時市場上也有很多賣榴槤的，他們從我這批發拿貨，我也在快手上零售榴槤。第一車我賺了 15 萬元，這算是我賺到的第一桶金。

當時我真的睡不着，做瓷磚生意一車才賺一兩萬元，而且要幾個月時間。我從去泰國收榴槤到回國銷售總共 10 天的時間，賺了 15 萬元。

得到了客戶的信任以後，他們又問我：「你有杧果和柿子嗎？」

我在網上搜杧果產地，首先看到的品種叫新世紀，產地是四川的攀枝花。後來我去了三個杧果產地，海南、廣西和四川攀枝花。當地各種杧果我都嘗了一遍，整個市場我也轉了一遍。我之前是做陶瓷生意的，要去每家公司裏問不同花型多少錢，對做生意的套路還是相當了解的。做水果是一樣的套路，先去當地市場看價位，再看水果超市的批發價位，南方和北方的水果價格有差別，不管是搞批發還是零售，中間有一定的利潤點。

還有蛇皮果，一些人可能不喜歡這個味道，酸得讓人睜不開眼，只有瞬間的回味是心裏甜。但女士一般會喜歡吃，尤其是孕婦。它的產地是泰國，國內暫時沒有。還有火龍果，算國內比較常見的水果。我們的火龍果叫京都一號，是一個特別的品種，外表跟別的火龍果不一樣，不像別的火龍果有綠的、有紅的，它皮薄，果肉甜度達到 18 以上，放到太陽地裏暴曬一個星期一點問題都沒有，這是這個品種的優勢。

其實做水果生意也很辛苦，我們整天風裏來雨裏去，因為運輸原因，無法保證收到的水果一定是好的，它不像衣服鞋子，碼大碼小了可以調換。新鮮的水果收到可能有些已經壞了，有的人上快手說「你給我郵寄的怎麼有壞的」，其實我們不想給你寄壞的，寄的時候絕對是好的，但是快遞公司在運輸過程中不會輕拿輕放，我相信網購過水果的朋友應該會有這樣的經歷。有壞的，跟我們反饋，我們按比例賠付。我對我的客戶說，壞了你拍照片，我們會賠付，不要感覺不好意思。

我們郵遞的杧果一箱有 9~10 個，如果壞了一兩個我們按比例賠付，如果壞的超過一半我們重新發一箱。售後我們會逐漸做得更好，我們也會在包裝上下功夫。

快手上銷售富平柿餅第一人

我可能是第一個在網絡上銷售富平柿餅的。它也叫溏心柿餅，因為好多老鐵對我的信任，富平柿餅已經是網紅柿餅了。客戶收到柿餅吃不完可以放到冰箱裏冷凍，放一兩年都不會壞。

我們生產的柿餅都是一串一串的，很多人問：上邊淋的是面嗎？那不是面，是自然產生的柿霜，裏面含葡萄糖、果酸、果糖，有口腔潰瘍、有胃病的人吃了相當好。

我十分幸運地找到了一個特別聰明的合伙人，她是專門做深加工生意的。我從網上搜到她的聯繫方式，就直接聯繫她。柿餅不只陝西富平有，山東也有，廣西桂林也產，我不知道大家吃過桂林的柿餅沒有，它的口感不一樣，這幾個產地我都親自去過。

為甚麼最後選擇富平柿餅呢？因為它的加工程序不一樣，首先，摘下來的柿子要用水清洗，然後去皮，要晾曬而不是暴曬，晾曬是重點。

晾曬一般是 3~5 天，要戴上一次性手套，就像給小孩按摩。給小孩按摩，重了小孩會哭，輕了小孩沒感覺，所以手法要到位，也有點像擠牛奶，要讓柿子鬆軟，力氣也不能太大。

按得重了，柿餅是兩層皮，中間就沒有溏心，按得輕了，裏邊是死心，是硬的，所以要把握好手工按摩這個步驟，柿餅的口感才會好。

以前的柿餅都是人工包裝，現在已經成了一個產業，用機器包裝，出來就是一個個的獨立包裝了。

之前我沒有接觸柿餅買賣的時候，它只出口日本和韓國，對產品的要求相當嚴格，產品好是首要的，價位是其次。現在的柿餅都不再出口了，就在國內銷售，而且還不夠。不是因為我這個柿餅多牛，而是因為快手的宣傳讓它變牛了，很多人知道它好吃它才變牛的。

我拍了一些視頻，從開始加工到晾曬，再到如何保持衞生，如何上架、售賣等。

確切地說，是快手幫助了我，改變了我的人生，增加了我的收入，現在我每年的收入非常可觀。我做陶瓷生意的時候，一年收入大約三五十萬元，自從我玩快手以後收入翻了好幾番，一年賺幾百萬元也沒問題。

帶着困難戶一起改變命運

有個奶奶姓醜，富平人，是個建檔的貧困戶，醜奶奶姓醜，心地卻特別善良，別看她年齡大了，手藝可精着呢。她有一套傳統的晾曬柿餅的手藝。之前她家產的柿餅主要是自己吃，有多餘的就賣掉，因為沒有規模，她沒有從自己這獨特的手藝中得到多少收益，她的生活條件也不好。當時我們在快手上賣柿餅，銷量特別好，於是開始收購柿餅，僅醜奶奶一家是不夠的，一年加工 2,000 斤都不夠賣。

醜奶奶不玩手機，也不知道快手是甚麼，但通過快手，她的東西賣出去了，快手改變的是實實在在的生活。

不是每個柿子都可以加工成柿餅的，我們召集了一些貧困戶，給他們提供柿子，他們可以大膽地加工；或者提供樹苗，讓他們種植，幫助他們脫貧。以前，富平柿餅的銷量不是很好，有些企業積壓了很多貨物賣不出去。自從找到了快手這個平台，富平柿餅一下子變得供不應求。有的貧困戶以前一年收入才幾千元，現在一年收入超過了 8 萬元，翻了 15 倍。我收購他們的柿餅，第一年一斤五六元，自從柿餅在快手上走紅以後，一路飆升到 15 元一斤。我跟他們簽的不只是合作協議，他們的收入還跟我們公司的收益掛鈎。公司的收益高了，大家的回報也會跟着水漲船高。公司的收入下降了，大家的收入也會跟着降低。我們投入人力物力財力，大家只投入一份乾股就行了，這份乾股就是用心去做產品。

醜奶奶是有技術的，別看她年齡大，幹起活兒來可麻利了。每年 10 月我們開始加工柿餅，以後我會專門出一個系列視頻放在快手上，讓大家看看醜奶奶的手藝。

大多數人冬天很難吃到自然熟的杧果。但我們是真實的自然熟的杧果。冬天郵寄的是全熟，在樹上長熟了之後直接發出去，其他季節郵寄的是八成熟的，客戶一收到就可以直接吃新鮮的杧果。

快手的老鐵們因為相信我，到我這裏買水果，以後還會回購。尤其是到了中秋、春節，發貨都忙不過來。中國是禮儀之邦，過年過節會提點東西去長輩家，以前是提飲料提點心，現在是提水果。80% 的老鐵都會在我們這兒複購送禮。

我不帥，但我想表達「在現場」

我們的水果賣得相當好，一些朋友經常來問我的經營秘訣是甚麼。其實我沒有秘訣，腳踏實地幹就行了。在這裏我也希望後來的朋友，想做快手電商，一定要有一個定位，定好你是想搞笑還是想賣東西。

你要是想賣東西，一定要實地去加工廠商那裏考察一下，看看質量行不行，但是賣水果必須要有監督，你必須要在場。了解我或者看過我的視頻的老鐵應該知道，大部分視頻都是我在場的，賣杧果時，我就在杧果旁邊。

很多人說：「賣水果就好好賣水果，為甚麼把你自己放進去？你長得很帥嗎？」我知道我不帥，我這個小小的動作想表達的意思是：我在現場。

把公司開到首都北京去

現在我自己有四個水果生長基地，分別在攀枝花、西雙版納、海南和漳州，都是承包的果園，生意做大了，愈來愈多的朋友支持我。但誰是真正的支持者？就是我的粉絲，快手的老鐵們。

我現在有自己的品牌了，箱子上都寫着「俊山農業」，不再像以前箱子上面甚麼標識都沒有。我還開始嘗試水果深加工，有杧果乾、枇杷膏，也許以後你會吃到我們家生產的果脯、果醬。

因為之前沒有小黃車（快手小店直達連接），我都是把所有在快手關注我的人導入微信，我有 16 個微信號，每個微信號裏有約 5,000 個好友，每天從早上一睜眼開始接單，還有三個客服同時接單，直到凌晨 4 點。自從快手有了小黃車，對我們電商來說就方便多了，客戶可以直接下單。

我的下一個目標是想在一二線城市開自己的實體店，雖然北京房租會貴一些，雇人也會貴一些，甚至我可能賺不了錢，但是我會在北京開一個屬於自己的水果實體店，把公司開到首都去，這是我為自己定的目標。

山村二哥：
在快手切一個橙子，意外成為「水果獵人」

「山村二哥」原本是一個美髮店老闆，他的快手生意起源於一次「意外」：在快手上隨手拍了朋友家果園裏的橙子，卻成了「發現頁」的熱門視頻，人生軌跡從此被改變。

當商機出現時，二哥果斷轉型為全職「水果獵人」，南溪血橙過季之後，他就去雲南或者海南找杧果，6月底又回四川賣李子，一年四季不留空檔期。二哥説，在快手上做生意，不僅是買賣關係，更是老鐵之間的「朋友」關係，「不能讓朋友失望」，這就是他的生意能愈做愈大的「秘訣」。

小檔案

快手名字：山村二哥 - 滙奉源

快手號：miaosi11

籍貫：四川宜賓

年齡：32 歲

學歷：初中

快手主題：展示血橙等水果

快手拍攝風格：展示產地新鮮水果的鮮甜多汁

對快手老鐵的寄語：在快手上賣貨，排在第一位的就是口碑。必須對品質有很高的要求，因為維護一個客戶真的很不容易，何況很多客戶都把我們當朋友

商業模式：在各地收購高品質的南溪血橙等特色水果，通過快手小店售賣給全國各地的老鐵

講述人：繆利

從快手賣出去的第一箱橙子

牛頓被蘋果砸了腦袋，發現了萬有引力，我在快手上切了個橙子，變成了全職「水果獵人」。

我叫繆利，快手暱稱「山村二哥」，1987 年生，家在四川宜賓，初中畢業後學美髮，開了一家美髮店。

我有一個朋友叫易松，我們是通過快手認識的。我跟他都喜歡玩戶外運動，我喜歡釣魚、摸魚抓蝦，感覺有些不務正業。

有次回家，我到易松家的果園裏摘橙子吃。當時隨手拍了一個視頻傳到快手上，視頻也沒有甚麼特別之處，就是很簡單地把橙子對半切開。結果一下子就上了熱門，來問的人特別多。

我摘的橙子在我們這邊叫血橙。我們這裏的果園沿着長江，夏

天白天溫度高，晚上江面上的風一吹，溫度馬上降下來，晝夜溫差大，有利於積累糖分，所以血橙口感很甜。我們之前沒有測糖度，感覺口感比糖還甜，我用刀划了下橙子，刀能黏在手上不掉。後來我們買了測糖儀來測，血橙的糖度能達到 16，現在市面上橙子糖度能到 14 或 15 就算是比較甜的了。

有快手用戶看到視頻，問我們橙子賣不賣，我朋友說賣，反正家裏也有貨，這是我們在快手上賣出的第一單。

當時賣出去了 10 斤，售價是 48 元。我們沒有包裝箱，從發貨的郵政快遞那裏買的箱子，加上網套，包裝箱 4.5 元一個。最開始快遞費要貴一些，15 元一單。橙子的成本大概是 13 元，算下來 48 元的橙子我們可以掙十幾元。

我們玩快手已經有很長時間了，但是還沒發現這是一個商機，也沒注意到快手上有人在做生意。這單生意給了我啟發，原來快手不單好玩，還能賺錢。

後來，買的人愈來愈多，銷量愈來愈好，很多人買了之後還會複購，有的人還會跟着發視頻幫我們宣傳，給我們介紹了很多客源。因為第一個視頻，我們賣了好幾百斤的橙子。也正是從血橙開始，我決定專門去做這件事，為大家尋找優質水果，賣給快手上的老鐵。

除了血橙，我還在快手上賣過家鄉的李子。

2018 年 8 月底，我們這邊的李子賣完了，當時我也沒有甚麼事情做，恰好汶川那邊李子還沒上市，於是我就到汶川去進李子。當時我找到了快手上認識的陳榮，跟她合作，在汶川本地直發快遞進行銷售，一直賣到 10 月，一共賣出了兩萬多斤的李子。

從汶川回來，我開始着手組建團隊。我的家鄉不可能一年四季都有水果賣，這邊能賣出去的只有李子、橙子，過了這些水果的成熟季節就沒有其他品種了，我必須出去尋找更多的水果，所以，我成了一個真正的「水果獵人」。

在快手上，也有很多人的家鄉有好貨。通過快手，我結識了最早做水果生意的這批人，大家聊着聊着就互相熟悉了，相互之間展開合作。後來我加了家鄉的羣，認識了更多的人，他們大多分佈在雲南、海南，陝西富平也有，都是盛產水果的地方。

2018 年我註冊成立了公司，股東是我和我的朋友易松。易松原來在一家安防公司工作，是裝鏡頭的，他有個之前在武漢打工的弟弟，也回來了，公司剛建立時只有我們三個人。後來陸續有人加入，現在團隊有七個人。

七個人相當於分銷商，是員工也是夥伴。我們七個人都是通過快手認識的。我沒有刻意安排他們怎麼做，無論甚麼事情，大家都是一起做、一起聊。採購、打包、發貨，平時都在一起。比如，訂單來的時候，今天這個人有多少單、那個人有多少單，一起報上來，公司統一一起打包發貨就可以。

每個人賣貨可以自己掌握利潤，比如，公司賣成本價 50 元一箱，他交給公司 50 元錢就可以了，剩餘的錢就是他的，我們一起保證公司能正常運作，每批貨不虧本，正常開支就行。

用快手小店提速

2012 年我就開過網店，幫別人賣電子產品。2018 年開始賣李子的時候，也開了網店，評分還挺高。

但是網店營運比較複雜，諸如刷單、關鍵詞、權重等，我不知道該怎麼做。如果有一個差評，我一晚上都睡不着，後來乾脆放棄了。

8斤裝的「愛媛橙」我們賣68元，但在網店上，用戶搜出來的除了我的店，還會彈出其他花錢買了「直通車」推廣、價格卻低很多的「愛媛橙」。我就看到過29元8斤裝的「愛媛橙」，這個價格其實連成本都不夠。有些消費者不懂這些，只要便宜就買，這些買「直通車」的產品展示權重都很高，交易量很大。

我覺得還是快手小店來得最直接。在快手上積攢粉絲，在快手小店直接下單是最簡單的。看到東西好，用戶就想直接買，轉化率很高。老鐵們下單之後我直接在後台導出數據，打包發貨，特別方便。快手直播的時候下單率還會更高一些，因為直播這種形式對好吃的水果展示非常直接。

視頻成為「發現頁」裏的熱門之後，馬上開直播效果更好。老鐵們看了視頻後會進直播間，如果在直播裏看到你在地裏現場採摘、打蠟封箱發貨，效果更直接，轉化率特別高。

在快手，有一次我連上了幾次熱門，最多的一個播放量有80多萬，直播間進來將近1,000個人，一下子預訂了很多。有一天凌晨3點多，還有人直接發語音說要訂兩箱，原來這個人在美國。

貨發出去，排在第一位的是口碑。我們對品質把控要求很高，維護一個客戶真的很不容易，所以我們不想流失任何一個客戶。有客戶說壞了幾個，我們就按比例賠幾個的錢。壞的多了，不用說，直接重新發一箱。

粉絲對我們的信任度也很高，在其他電商平台上，我們和用戶就是純粹的買賣關係，在快手上就有粉絲也是朋友的感覺。

有一次做直播的時候，才幾十個人看，但裏面就有原來買了很多血橙的老客戶。突然有個陌生人進來說血橙紅是因為裏面打了色素，這時候我的一些粉絲就說：「你不懂，你知道正宗的血橙是怎樣的嗎？你買的是假血橙，當然不知道正宗血橙是怎麼樣的。」在大家的七嘴八舌的「聲討」中，那個搗亂的人自己退出了直播房間。

把別人不知道的家鄉好物分享出去

接下來，我的規劃首先是想辦法把銷量搞上去。賣貨肯定是第一位的，我們要用血橙這種非常有特色的水果做好文章。血橙過季之後，我準備去雲南或者海南，找好的杧果給大家。

杧果賣一段時間，差不多到 6 月底，四川老家的李子又上市了。我們現在都是以銷售水果為生，不能留空檔期，有空檔就沒收入了。

我請了專業人員管理美髮店，打算用心把快手上的水果生意經營好。等各方面貨源徹底穩定，我就可以給別的團隊供貨，批發兼零售了。

在我看來，我們這樣的人都是各自家鄉好物的分享者，把別人不知道的家鄉的好東西，通過快手分享出去。這樣對我們有利、對農戶有利，對買到好東西的用戶也有利，大家都得到了好處，非常好。

咸陽二喬：
從快手「廚神」到油潑辣子電商大王

計算機專業畢業的喬飛，人稱小喬，他和磚廠退休的父親老喬一起，在快手上創作以陝西美食為主題的短視頻。老喬做飯，小喬拍攝，30 秒的做飯教程配上陝西方言「再來一瓣蒜」，父子倆收到了全國各地的快手老鐵們送出的無數小愛心。不同於製作精美的紀錄片，他們用手機在家中就拍出了美食王國和煙火人生。

擁有 412 萬多粉絲的他們，成立了兩家公司，在不到一年的時間裏賣出了三萬多瓶油潑辣子，一個月流水超過 30 萬元。老喬小喬也被 CCTV 2（中央電視台財經頻道）在內的多家媒體採訪報道。去全國各地參加各種短視頻相關的活動，已經成為他們生活的一部分，高鐵上、飛機上，總有人認出他們。

從普通上班族到退休工人，到短視頻創作者，再到電商企業的經營者，老喬和小喬借助快手平台實現了人生的徹底轉型，也彌合了父子交流的鴻溝。

小檔案

快手名字：陝西老喬小喬父子檔

快手號：Shanxilaoqiao

籍貫：陝西咸陽

年齡：63 歲（老喬）、33 歲（小喬）

學歷：高中（老喬）、本科（小喬）

快手主題：陝西美食

快手拍攝風格：家常美食製作教程，父親老喬出鏡

對快手老鐵的寄語：在快手上取得成功有六個字的秘訣，堅持、堅持、堅持！

商業模式：成立公司，註冊商標，專業生產油潑辣子等陝西美食，再通過快手電商平台售出

講述人：喬飛

看準移動互聯網的未來，選擇加入快手

選擇在快手創業可能是我這輩子做得最正確的決定之一。

我是小喬，畢業於西安交通大學，學的是計算機專業。我爸爸在磚廠幹了一輩子。如果不是快手，誰能想到我們父子倆會變成美食主播，又一步步開啟了我們的電商生意，將陝西美食賣向全國各地。

我這人戀家，畢業之後不想離開家，但我們陝西省與互聯網相關的工作機會又比較少，所以畢業後我沒有從事計算機行業，而是做了園林工作。

2015 年看電視新聞說接下來是移動互聯網的時代，這句話觸動了我，我就開始研究移動互聯網。我比較看好快手，因為那時自媒體平台就數快手和微博比較火，快手比微博更接地氣，我就想嘗試

着玩一玩。

剛開始我想拍搞笑段子，找了很多朋友，想讓他們和我一起玩快手。但朋友們沒有一個看好這件事情，當時我很失望。

回家之後，我爸老喬就問我發生了甚麼事情，我就跟他說了我的想法，我爸說，不如咱倆合作。我爸就這樣加入了。

我做任何事情我爸一般都挺支持。以前我媽想讓我畢業當公務員，但我爸不同意，他覺得公務員工資一個月就三四千元，太少了，而且他覺得我是年輕人，應該出去闖一闖。在我的事業方面，我爸確實比別的父母開明一點。

我們陝西有兩樣很出名，一個是陝西的歷史文化，另一個是陝西的小吃。歷史文化的傳播和推廣需要時間，也需要知識積累，相比較，美食更容易吸引人，所以我們就從美食方面開始。

2016 年 10 月，我註冊了快手賬號，剛開始是給大家展示各種陝西的美食小吃，沒有教怎麼做。

後來，很多粉絲就問我們：「這個是怎麼做的？」還說「非常想吃」。

剛開始網上沒有視頻教做菜，我看了一下基本上都是圖片，你拿我的圖片，我拿你的圖片，拼在一起給大家講怎麼做。我覺得這樣不生動，視頻就更生動直接。比如，我來拍，我爸來演，我爸做到哪一步，我就可以直接拍出來，配上畫外音。這樣是不是更生動，更吸引人？

而且快手本來就是以視頻為主，發圖片也很少會被推薦。我們就是從那時開始拍攝做飯教程的，也許是全快手第一個。

我爸從小自己給自己做飯，練就了一身手藝。他對美食也特別感興趣，喜歡吃、喜歡做，白天沒事就在廚房裏鼓搗，美食製作方法只看一遍，他就能學會。拍做菜的短視頻，對他來說非常容易。

粉絲漲到四萬的時候我們遇到了瓶頸，那半個月的時間裏，看着粉絲數不漲，我吃不下飯，睡不着覺。但我沒想過放棄，我成功的秘訣就六個字，「堅持、堅持、堅持」。我開始研究作品，比如封面怎樣才能更吸引人，題材怎麼讓更多人感興趣。

之後我們發佈了一個製作涼皮的作品，一下子就火了，一夜之間在快手漲了十萬粉絲。這兒就是一個爆點，很多報紙、電視台的記者來採訪我們。

其實這個作品內容上和以往的沒有區別，主要是我們選取的點很吸引人。全國各地的人都知道陝西涼皮，而且也比較喜歡吃，但不知道怎麼做，我們是第一個把這個方法分享出來的。再加上當時是夏天，大家都想吃涼皮了。

另一個我印象比較深的作品是羊肉泡饃和擀麵皮。為了拍羊肉泡饃的作品，光買材料就花了 300 多元，我還專門花錢，找泡饃做得好的師傅學習，讓他把配方和方法告訴我們。作品裏的擀麵皮，是純手工製作的，單單拍攝就花了 36 個小時。

大部分美食都是一次性製作完成的，失敗的很少，但是拍視頻的時候我和我爸也有分歧。我爸要按照他的方法來做，我要按照我的方法來做，我們經常會吵架。

比如在做飯的時候，因為鏡頭推得比較靠前，我說這個鹽就不能按正常的量放，要不然拍出來的效果會差一點，但是我爸不同意，他覺得要按正常的量放，我們就吵起來了。但是在大的方向上他非常支持我。

油潑辣子開啟電商之路

剛開始拍快手，也沒有直播，沒有收入。我那時候的想法很簡單，只要有粉絲，就有基礎，未來可以賣東西等，不愁賺錢。

過了半年，粉絲到 70 多萬的時候，我開始賣手工製作的油潑辣子。油潑辣子都是我爸和我媽在家裏炒的，製作的時候先把包裝瓶消毒，再把油潑辣子潑好，油潑辣子晾涼之後再灌到瓶子裏去，外面還要進行塑封，然後再裝到盒子裏面。

印象深刻的就是郵寄那些辣子，當時還要在微信上接單，我還要負責下單、填快遞號，很麻煩。這些工作非常煩瑣、非常累，從早晨一直忙到晚上，不停地忙，我媽的腰都累出病了。就這樣賣了半年。

後來我進行了調整，覺得不能這樣一味苦幹，我想先把粉絲積累起來，然後再幹一件大事。我用一年的時間組建了自己的團隊，然後申請商標，辦理所有手續，開始正式進入電商行業。

我也看了快手上其他人是怎麼做電商的，覺得他們那種做法不長久。因為他們都在推薦別人的東西，相當於把粉絲貢獻給了別人。如果這個粉絲買了這個東西覺得還可以，他複購就不會找你了，買到東西不好又會怪你，這樣粉絲容易流失。

所以我一直投入很多時間在產品上，組建好自己的團隊，自己開公司，研發自己的產品，創立自己的品牌。

我現在一個月的銷售額有 30 多萬元，淨利潤能到百分之十幾。主要賣油潑辣子、牛肉、柿餅、小米，還有辣椒麵，現在還在陸陸續續上其他產品，基本上都是陝西的特產。

我們自己主打的產品，如油潑辣子，就用我們自己的配方，然後找廠家幫我們代生產。新款的油潑辣子全部都是工廠生產的，我的專業團隊為此跑了將近一年的時間。老版的手工油潑辣子停產了之後，我一直在跑市場、做調研，包括配方、味道，都是找了將近1,000多個人品嘗，最後才定下來。

現在國家對食品安全監管很嚴，不能售賣「三無」產品。沒有生產許可證、食品流通許可證，你的產品就不能掛到平台上去賣。

第一批生產了2,000瓶油潑辣子，很快就賣空了。油潑辣子是很有代表性的陝西特產，所以粉絲們都比較喜歡，有時候沒貨，整個直播間都在問甚麼時候有。

有個粉絲買了兩瓶，回去嘗了一下，覺得特別好吃。因為沒有貨，半個多月的時間，他每天給我發私訊，我一開直播，他就給我刷禮物，就是為了讓我趕緊把油潑辣子生產出來，他要買。等下一批生產出來之後，他一次性買了十瓶。

油潑辣子的價格是兩瓶38.8元。2018年底的時候，新版的油潑辣子已經發出去5,000多瓶了。像油潑辣子這類主打產品，我們也是一個點、一個點往外推，不然一下子全部推出去，就沒有爆點。

2018年我還賣過甜瓜、紅薯、獼猴桃、石榴這些農產品。我一直在參與扶貧的公益活動，所以我們也會對接政府，銷售貧困地區的農產品等。

我們儘量挑選最好的貨源，我和我爸把粉絲看得比較重，也許我們賣的產品不是最便宜的，但質量要好。

對粉絲負責，這也是我的原則。包括我們現在賣油潑辣子也是一樣，只要粉絲收到說不好吃，我給你全額退款。

剛開始的時候，平台是不支持作者變現的，從2018年上半年開始，快手平台才正式開始幫作者變現，快手開通了快手小店，通過作品、直播，引導粉絲進入商家店舖購物。

以前我們都是通過微信賣，你加我微信，我再賣給你。我覺得這種形式不太方便，因為我實在是沒有那麼多精力一一回覆，再讓客戶輸地址，再去填單號。

我現在開了網店，直接通過平台賣。平台有第三方的保險，第三方負責直接把控產品質量。我賣的食品能上傳到平台上顯示銷售頁面，說明人家就已經審核過了，所以我就不用擔心，包括售後，我們也都不用管了。

快手開放電商入口後的兩個月時間，我們的成交單數增長到兩萬多單。

快手本身就像是一個購物平台，我相信不久的將來很多人會在快手上直接買東西。還有些老用戶，哪怕他在其他平台買了快手上看到的東西，他買完了，還是會去看快手。

未來：品牌化營運，計劃成立美食 MCN

我現在有兩家公司，合伙人是我的兩個同學，是他們主動來找我要求加入的。

之前，我們的快手粉絲大概 100 萬的時候，我家就被擠爆了，我很多同學都想參與合伙創業，我就在篩選。

我選人的標準首先是人品好。我的這兩個同學做事非常認真，其中一個對於細節的很多方面有很好的掌控，哪怕是打包發貨，他都要親自在那兒看着。因此我也比較省事，我不用為這些細節而操心。

因為我爸已經 60 多歲了，公司的事情他都不管。現在，所有平台上的視頻內容，都是我一個人在做，我的合伙人負責電商和產品，還有公司營運、售前、售後等。

合伙人也會對我的視頻內容提建議，比如他之前建議，視頻可以請專業的團隊，用專業的設備，加上專業的製作，弄成像好萊塢大片一樣。

我也嘗試過，但是最後沒有採納，因為好多人看了之後覺得這不是我們的風格。我們起步的風格就是接地氣，突然改變風格，粉絲不接受。

全網自媒體教做飯的，最少有幾萬人，甚至十幾萬人，為甚麼我們就脫穎而出了，就是因為我們的風格比較親切、接地氣，這就是一個很好的賣點。一個人物有他的屬性和 IP（知識產權），你不能把這個 IP 改掉。

2019 年 1 月，我還接待了一個從蘇州來的 MCN（Multi-Channel Network，一種生產專業化內容，在多個平台上持續輸出，進而獲得變現的商業機構），他們有 200 多位美食作者，有測評的、探店的、製作的，還有與情感美食相關的。我對他們的態度就是想學一點經驗，未來自己也弄一個 MCN 機構。

2019 年底我們準備註冊肖像，然後再註冊一個商標。因為我找市場做分析，自己也研究過，幾乎所有的大品牌商標，都不會超過五個字，所以「老喬 — 瓣蒜」這個商標可能就不能再繼續用了。

網上傳言我們開了麵館，目前還沒有，但是我計劃 2019 年開，已經在日程計劃裏了。

其實快手是我們的一種情懷，我們陝西人就是這種性格，比較忠厚老實。快手是第一個把我帶火的平台，我從快手起步，重心還是放在快手。

變現方面，全網最厲害的可能就是快手了。舉個例子，我賣的油潑辣子，別的平台加起來，兩個月賣了 4,700 多單，而在快手上兩個月最少得一萬單。我聽專業的人分析其他視頻平台，有一個平台的視頻播放量是 1,000 萬，視頻中可以掛商品，但只成交了四單。相比之下，快手的銷售、轉化率高得多。

現在，我和我爸知名度很高，走在路上，甚至是坐高鐵和飛機，都會有人認出我們。我爸性格比較外向，我就靦腆些。每次參加活動或者上電視，我不願意去，也不願意露面，我爸在節目上就比較健談。

我小時候，我爸為了生計要出去掙錢，所以我倆常年不在一起。現在我和我爸的關係非常親密，這也要感謝快手。因為快手，我們有了共同的生意，也有了共同的話題，父子之間的代溝，不存在的。

浩東：
重慶「炬耳朵」的表演夢和生意經

浩東，一個喜歡表演的重慶小伙兒，被粉絲們稱為胡歌與呂子喬的結合體。他在快手上的視頻風格，有着《愛情公寓》一般的情感和喜劇效果，深受網友喜愛。

做過小吃攤和企業銷售的浩東，如今在快手上已經擁有了超過 420 萬粉絲。他和妻子創辦了自己的化妝品品牌和自熱小火鍋品牌。在快手和粉絲的影響下，浩東夫婦的生活一路升級，化妝品品牌擁有了 3,000 萬元銷售額，自熱小火鍋推出三四個月，銷售額也達到了 200 萬元左右。可以說，不論是頭頂的夢想還是腳下的生活都愈來愈有奔頭了。

小檔案

快手名字：浩東大大・

快手號：AAAA9999

籍貫：重慶

年齡：24 歲

學歷：中專

快手主題：搞笑情景劇

快手拍攝風格：與老婆的日常點滴生活

對快手老鐵的寄語：喜歡與用心會釀造出作品的靈魂

商業模式：賣自有品牌化妝品和自熱小火鍋

講述人：浩東

快手釋放我對表演的熱愛

要是有舞台，誰不想當聚光燈下的明星呢？我本是山城一個普通娃兒，但現在我也有自己的舞台、自己的粉絲，那就是快手和老鐵，這一切就像做夢一樣。

我本名叫浩東，來自重慶，畢業於職業學校，專業方向是網站營運中的線上人羣分析。2012 年畢業後，找工作的過程一度比較艱辛。我擺過路邊攤，賣過炸土豆，還在大企業裏做過銷售工作。也是在這個時候，我接觸到了快手。

2014 年 3 月，我拍攝了一個視頻，隨手發佈在快手上，沒想到被推薦上了熱門，那時候畫質還不行，剪輯也很基礎，但是創意和表演比較用心。這讓我切身體會到了一個道理：如果是認真在表演，大家就能看到你。從此以後，我決定在快手上發展。視頻的內容類似於情景劇，我和老婆兩個人自編自導自演，有時一天能有

15~18 個小時用來構思。

其實我從小就有一個表演夢，特別想考藝校，但無論是唱歌還是表演，家人都比較反對，覺得不切實際，小人物就應該老老實實幹自己能幹的事。但這個小夢想一直埋在我心裏。遇到快手後，我知道這是一個機會，錯過了很難會有下一個。在這裏努力，雖然可能當不了大明星，但或許能闖出自己的天地，甚至和明星們同台演出。

找準定位是成功的一半

決定認真拍快手短視頻之後，我們就開始研究快手怎麼玩、拍甚麼內容、用甚麼樣的畫風等。我發現那時平台上的夫妻檔特別少，為數不多的幾個也是在講家庭瑣事，缺少抓人眼球的特色。我們重慶有一個詞叫「耙耳朵」，意思是很怕老婆的男人。我們以此為靈感設計出了重慶話與普通話的結合，來演一個重慶本土男人很怕老婆的種種故事。

在這個過程裏，我們還做過很多調整。比如以前採用手機橫屏拍攝，後來改為更符合觀眾手機觀看習慣的豎屏，並且逐漸開始用快手剪輯、配音。調整後的一個作品擁有了 600 萬播放量。之後一個月左右的時間，我們的粉絲就突破了百萬。

我認為，「找準自己」是我們這個階段成功的關鍵。長相甜美的不能演一個傻子，長得憨厚的不能演一個高富帥。表演中的形象一定要和自己的形象掛鈎，要有一個契合點，這很重要。找準自己，將人物定型，才能讓觀眾記住你是一個甚麼樣的人，從而願意觀看你的其他作品。

讓作品擁有自己的靈魂

我們現在發展得挺不錯，成立了一個 14 人的團隊，有負責剪輯的、負責數據分析的、負責後期處理的等。之前我們邀請了 20 多個編導來剪輯，卻沒有一個人能剪到點子上。最終在創作方面，我們還是堅持自己來。不論多忙我們每天都會花 5~6 個小時來思考，有時會寫劇本到凌晨。

在我看來，作品的內容最好貼近生活，因為你最熟悉的還是自己身邊的人和事，觀眾能從中找到共鳴。也只有你自己才知道自己最想要表達的是甚麼，你最熟悉你的觀眾的口味。同時，我也希望觀眾看到我們的作品，可以緩解他們在工作中積壓的負面情緒。

對於創作者而言，除了腦袋裏要有想法，也一定要愛好表演，為了掙錢去拍的作品是「死」的。比如一些公司運作的賬號，他們是量產，一天可以拍幾十條，每天都是一個模式，能讓人耳目一新、記住人物形象的作品非常少。這就是為了掙錢和出於愛好的區別，愛好會給作品注入靈魂。而真正有創意、有靈魂的作品，看一遍就能記住。

懷抱表演夢的「火鍋英雄」

最開始在快手上傳視頻，我沒有去思考怎麼通過這個平台賺錢，只是想完成一直以來的夢想。那時沒有收入，也沒有積蓄，偶爾還會問家裏要錢度日。後來，我們成了快手直播內測的第一批用戶，也是帶貨賣貨最早的一批人。再後來，為了讓老婆用上好的化妝品，我們研發了一個自己的品牌；因為重慶是火鍋發源地，我們又推出了自熱小火鍋，也是複購率很高的產品。

我發現，自熱小火鍋特別適合我來賣，因為我在快手上的形象就是一個愛老婆、有點怕老婆的重慶男人，男人賣化妝品始終隔了一層，但重慶人賣小火鍋就特別適合。所以在做商業方面的嘗試時，選擇與自身形象契合的產品，效果會更好。

在這個過程中，我明白了一個道理：粉絲的數量不一定要非常多，但是要垂直，要精準，這樣才能提高粉絲的黏性和轉化率。粉絲對創作者有喜歡也有崇拜，但我相信更多的是一份信任。他們看着你從一個小透明，慢慢做大做強到如今的大 V，會產生成就感，從而願意為你埋單。2018 年我們的彩妝通過快手帶來的流量有 3,000 萬，自熱小火鍋推出三四個月後的銷售額達到了 200 萬元，這些都是粉絲對我們的認可。

在未來，我想通過快手這個平台，把小火鍋做成一個品牌，但我的重點，仍然還在視頻創作上。表演是我一直深埋在心裏的夢想種子，因為快手，這個種子得以開花結果。我們希望今後的視頻還可以擁有更大的上升空間。現在，我希望把系列劇拍好，為我的粉絲帶來更多、更好、更切合需求的作品。這個初心，我們從未改變。

第三章

快手教育：重新定義「知識」

本章概述

快手教育生態的發佈，是為了讓更多的創作者來到快手平台，願意以這種模式提供免費的視頻內容，提供社交式的教育服務，這樣產生的社會正向效益才是最大的。快手課堂的初心是希望更多教育從業人員看到這些案例後會受到觸動，並參與此事。

在這個基礎上，快手教育形成了一個十分友好的生態，在這個生態裏，每一種才能都可以被看見，每一種才能都可以發揮它的價值。三人行必有我師焉。每一個用戶只需要發揮自己的特長就可以離幸福更近一些，每一個用戶根據自己的情況學習相關的課程也可以離幸福更近一些。

這是快手教育生態最終的願景：通過快手平台，借助其「普惠」的價值觀、技術與產品的實踐，讓每一種才能發揮自己應有的價值，讓追求幸福變得更加簡單。

本章案例

蘭瑞員的 Excel 教學：我在農村，向全世界講課

寵物醫生安爸：在快手傳播了知識收穫了愛情

喬三：在快手教視頻製作，藝術賺錢兩不誤

閆媽媽：自創 84 個口味韓式料理的餐飲輔導老師

快手教育：重新定義「知識」

涂志軍　快手教育生態負責人
李　卓　快手課堂運營總監

她只有中專學歷，住在農村，操着南方口音，向全世界講課。

靠着一部手機和一台電腦的連接，蘭瑞員為 86 萬學員解答 Excel 中的問題，一年比之前多收入 40 多萬元。30 歲的她不僅為學員創造了價值，自己的生活也在這日積月累的教學過程中悄然改變。

蘭瑞員這樣的故事每天都在快手上發生着，他們擁有一個共同的身份——快手課堂的講師。

通過「短視頻 + 直播」的形式，快手極大地拓展了知識和教育的內涵，實現了人人可教、人人可學、人人能通過知識改變命運且十分友好的教育生態。

快手極大地拓展了知識和教育的內涵

裝修如何粉刷，怎麼和水泥貼瓷磚，餃子的不同包法，山羊養殖的病後護理，這些內容從來沒有被網絡化、結構化、知識化，它們一直以師徒方式口口相傳，作為經驗或技能被小範圍分享。快手通過短視頻和直播，建立人與人之間的聯繫，形成了一種豐富的社交生態，也產生了一種強大的力量，經驗或技能變成了可複製、可教授、可傳播，甚至可轉換成線下實踐的「知識」。

原來，我們對知識傳播的理解指向教育的結果。比如通過科舉考試，金榜題名，榮登翰林。到了現代，教育的目的也總是希望孩子可以「出人頭地」。

但是，知識卻不是這樣的。比如一個包子舖的老闆今天在快手上學會了如何包這種樣式的包子，調這種包子餡兒，第二天在店裏就可以做這種包子拿出來賣。店裏的客人看到這麼別緻的包子願意多買幾個，或者只是隨口誇獎幾句，使老闆得到了心理上的安慰，由此提升了幸福感。

與傳統教育資源不同，這種知識不是很「學術」，但它具有高度的實用性。這種實用性，未必是老師教給學生，學生通過一個學期的學習再去考試，通過成績來檢驗是否掌握，再獲得學歷學位，獲得社會身份，然後通過這個身份去置換其他資源。

現在，快手教育生態已經擁有數萬門課程，超過 360 行的用戶在快手上記錄和分享他們人生的經驗。快手教育生態有幾種教學模式，第一種是剛才說的實用性技術教學，第二種其實是興趣類教學。一個人在溫飽解決之後會有更高的精神需求，比如動漫、手工，也許這並不能轉化成實際的收入，但它可以豐富一個人的精神世界。第三種是純知識性的教學，比如，歷史評書等，可以用來陶冶情操。

快手上當然也有很多傳統意義的知識教學。有一位清華大學的哲學博士，他在快手上分享蘇格拉底、柏拉圖、亞里士多德等哲人的思想，有幾十萬粉絲，他的課也能賣出去。快手教育生態中 70%

以上的內容屬於第一種，但是這種傳統教學的形態還在演變，未來可以有更多可能性，這也是我們一直期待的。

可以說，快手這樣的新型社區生態，極大地拓展了傳統知識和教育的內涵。

「短視頻＋直播」形成一種傳播知識的富媒體

小時候上語文課，讀莫泊桑的小說《我的叔叔于勒》，其中提到在海邊吃牡蠣，且不說那種「高貴的吃法」無法想像，作為內陸地區的學生，牡蠣長成啥樣也是困擾我多年的問題。

老師還講了一個成語：曇花一現。甚麼是曇花？為甚麼開花只有一個瞬間？無論繪畫多麼栩栩如生，圖片拍得多麼精美，對於多數孩子來說，完整的認知依然很難建立。

文字的傳播當然有獨到的邏輯和價值，但也不可避免地會留有遺憾。快手完全可以給每一篇語文課文配上相應的視頻，學生讀書時，結合視頻就能擁有更加生動的理解。如果你願意，你可以隨時隨地看到曇花綻放，看到牡蠣的 100 種吃法。

短視頻是多種傳播符號的結合。它一定有文字，但文字不是主體，更多的是影像，還關聯着音樂、同期聲以及時間關係等。尤其是快手直播，可以面對面適時交流互動。「短視頻＋直播」形成一種傳播知識富媒體，是目前能看到的最完美的傳播符號的結合。這種多符號一定會帶來知識更多元的傳播模式，或者一種更沉浸式的傳播模式。

我覺得，視頻類的百科全書在未來一定會出現，隨着 5G 時代的接近與交互硬件的進步，未來掌握知識的方式會愈來愈多、愈來愈便捷。它會給社會帶來甚麼樣的變化？是否會讓整個社會結構和社會組織產生巨大的變革？是否會產生新的社會關係？

從這個角度看，快手教育生態，未來有着巨大的想像空間。

快手課堂實現了一個教育者最偉大的理想

現在的教育是一種高成本的教育，這並不是指國家投入或者學校投入的資源多，而在於它的淘汰率太高。這背後有許多原因，比如，不同地域的師資力量不均衡、教育基礎設施不同、一些孩子在現實中上學需要走太遠的路——各種各樣的因素造成許多人沒有享受過真正完整的教育。在傳統教育系統裏，此路不通的時候，意味着他們的社會身份一定程度上已經被決定了。

快手教育生態其實是針對這一現實的微觀優化。快手的教育項目一直在進化，不僅僅變得更加有趣，更重要的是，建立在短視頻及直播的社交生態基礎上，快手課堂也實現了自己的一些突破。

自 2018 年 6 月正式上線以來，已經有超過一萬名生產者通過快手課堂獲得了一份持續性的知識收入。過去一年，超過 150 萬用戶在快手上購買課程。每天購買課堂產品的用戶，平均學習時間都超過 30 分鐘。基於這種生產關係，以往已經排斥在教育系統以外的人，又被重新納入進來。

快手傳達了一種價值觀念，當生產關係真正能夠幫助用戶改變自身生活的時候，用戶是會主動學習的。在某種意義上，快手課堂實現了一個教育者最偉大的理想：人人可教、人人可學、人人能通過知識改變命運。在過去，這些學習機會，被高昂的信息傳遞成本所限制，知識只能在「少數人」的範圍內傳播，比如，某些經典閱讀、某場學術演講，一部分人並沒有運氣觸碰到這些，但今天快手提供了連接這些學習機會的可能。

快手教育形成了一個十分友好的生態

用戶在快手上學習技術，今天包子的餡料沒調好，在修車中遇到困難，他可以隨時去問老師，老師可以在線上實時進行指導。大道至簡，快手強調人與人之間通過知識的連接產生的可能性。

如果用一句話概括快手教育生態的核心理念，那就是：讓每一種才能都被看見。無論用戶擁有怎樣的才能，都可以無差別地得到展示機會。

快手教育生態和傳統在線付費教育有根本差別。傳統在線付費課程更多是去復原線下課堂，仍舊是單向地、線性地去傳輸，它更加強調市場化邏輯，核心是誘導用戶購買課程，變成了一種單純的獲利性工具。當 A 在向 B 傳輸的時候一定是借助了 B 的某種心理，或者是一種高度市場化的邏輯，它的創新本質上與教育生態無關。而快手教育生態真正建立在興趣基礎之上，更加符合人們內心的真實需要。

一些平台會宣傳一些造富神話，比如某某通過這個平台賺了數千萬元。當然，在快手上類似的例子並不缺乏。但這件事的目的是甚麼需要我們反覆思考，比如，是通過這件事讓更多的人來購買某某的課程，還是告訴更多的生產者到這個平台來學習。

快手教育生態的發佈，是為了讓更多的創作者來到快手平台，願意以這種模式提供免費的視頻內容，提供社交式的教育服務，這樣產生的社會正向效益才是最大的。快手課堂的初心是希望更多的教育從業人員看到這些案例後會受到觸動，並參與此事。但是我們不希望通過這件事去製造某種效應，讓更多人來買課。

在這個基礎上，快手教育形成了一個十分友好的生態，在這個生態裏，每一種才能都可以被看見，每一種才能都可以發揮它的價值。三人行必有我師焉。每一個用戶只需要發揮自己的特長就可以離幸福更近一些，每一個用戶根據自己的情況學習相關的課程也可以離幸福更近一些。

這就是快手教育生態最終的願景：通過快手平台，借助其「普惠」的價值觀、技術與產品的實踐，讓每一種才能發揮自己應有的價值，讓追求幸福變得更加簡單。

蘭瑞員的 Excel 教學：
我在農村，向全世界講課

一邊是快手課堂，另一邊是江西省的偏僻農村，蘭瑞員憑借一台電腦、一部麥克風，用帶着南方口音的普通話，講授着 Excel 軟件的操作技巧和知識。觀看她的直播時偶爾還能聽到屋外的雞鳴。她的學員可能來自全國各地，甚至不乏海外華人。

一年多時間，蘭瑞員通過快手課堂獲得了 80 多萬元的收入。從一名自學 Excel 的電商客服到成為培訓師，從線下授課轉到線上授課，30 歲的蘭瑞員不僅為學員創造了價值，也悄然改變了自己的人生軌跡。

小檔案

快手名字：蘭瑞員 Excel 辦公教學

快手號：lanruiyuan

籍貫：江西撫州

年齡：30 歲

學歷：中專

快手主題：Excel 技術教學

快手拍攝風格：用電腦錄屏，分享乾貨小技巧

對快手老鐵的寄語：通過快手，只要你做得好，就有機會獲得收入

商業模式：拍攝小技巧類作品積累粉絲，通過快手課堂付費課程實現盈利

講述人：蘭瑞員

初心：成就自己，幫助他人

在江西的農村，你可能想像不到，一個 30 歲的中專畢業生，在快手上向全世界教授 Excel 使用技巧。這樣的神奇故事，也許在快手上不算稀奇，但對我來說卻是人生的奇跡。

2008 年我中專畢業，學的是計算機專業。作為一個底層員工，我在電商平台幹過客服、營運助理，工作十分辛苦，每天上班目不轉睛地對着電腦十多個小時。熬了四五年我覺得這個工作不適合自己，當時萌生了一個想法，我想試着做講師。那時我還沒想過，幾年後，我會在快手上擁有自己的「課堂」。

一開始是在一些 QQ 羣裏，有人問關於 Excel 操作的問題，我就試着解答一下。因為這，我被「我愛自學網」「Excel 精英培訓網」的人邀請去做講師，因為他們覺得我用 Excel 這款辦公軟件很厲害。

我的 Excel 操作技能都是自學的，通過上網，零零散散地學。

比如，我遇到不會的，就在搜索引擎上搜，很容易就學會了。但是網上的方法也有缺點，比如有的步驟特別複雜，於是我就自己摸索更簡單的方法，然後記下這些小技巧。

之後我就簽約做線上講師，去了很多平台，比如「我愛自學網」「我要自學網」「Excel 精英培訓網」「騰訊課堂」。我在當地有了一定知名度，當地的企業就開始邀請我，去給他們的員工做培訓，一節課的價格是兩三萬元。

2018 年 3 月，我註冊了快手賬號。當時我還是一名講師，也沒想過通過快手賺錢，就是想利用自己的一技之長來幫助別人。在快手上發一點 Excel 小技巧的視頻，教觀眾怎麼提升一下自己的工作效率，這就是我的出發點。

我拍攝的視頻的主題都是 Excel 小技巧，用的工具很簡單，一台電腦和一個麥克風，用軟件對電腦進行錄屏，這樣既有聲音也有畫面。

剛開始拍快手的時候總是控制不好時長。我以前講課比較慢，比較囉唆，但是快手對一個視頻有時長要求，按傳統的講課方式，時間不夠，我就加快語速講，結果很多學員說：「你講得太快了，我聽不懂。」

後來我總結出經驗，一個視頻只講一個小技巧，這個技巧不能過於複雜，如果是一個比較複雜的技巧，我就拆分成好幾個小視頻去錄。

每一次錄好視頻，我都會自己先看一遍，有時候還會發給朋友，讓他們給我提意見，再修改。基本上每個視頻我都要拍四五遍。印象比較深的一次，有一個視頻我錄了 20 幾遍，一分鐘不到的視頻我錄了一下午，其實操作起來我還是很熟悉的，但就是不知道怎麼把它講好，講了幾十遍自己才滿意。

這些作品的靈感都來自我自己，我會在每天晚上睡覺之前，想好明天拍甚麼主題的作品，第二天就把它錄好，再上傳快手。

我剛開始拍快手視頻的時候，上面已經有幾個人在教 Excel 使用技巧了，而且做得還不錯，但是我的優勢是，我之前做過多年的培訓講師，比他們多一點教學經驗。他們甚至還會私下加我微信，請教我一些問題。

記得 2018 年的一天，我的作品登上了一次熱門，播放量超過了 200 萬，那一次給我增加了很多粉絲。我用快手還不到一年，粉絲都已經有 80 多萬了。

我是第一批開通快手課堂的。2018 年 7 月，快手官方開始支持開設付費課程，我就去找了快手官方的小助手，給我打開了快手課堂的權限。

快手課堂：從傳統授課到新課堂

從開課到現在，我已經賺了將近 80 萬元。

我的課程名稱是「Excel 速成班」，定價是 89 元，一共 10 節課，課程的形式是錄製視頻課，購買之後可以立即觀看，還可以重複觀看。

我花了幾天的時間才整理出課程大綱。本來我自己就是講師，大綱和課件都有現成的，但我還是想把這些現有資料整理一下，讓它們更適合零基礎的學員。同時也會借鑒一下別人的課程的長處，看人家是怎麼做的，再結合一下自己的，我的課就形成了。

我的付費課程和我的作品差異很大，作品裏的技巧都是零散式的，比如今天教這裏，明天教那裏。而付費課不一樣，我是系統性地教，每個工具欄我都是挨着講的，這樣學員就能對這個軟件有一個完整的認識。

學完正式課之後，學員會感覺對 Excel 這個工具完全懂了，學會了，但如果你只看我快手裏的短視頻，還是會感覺一知半解。

據我了解，我的學生做文職工作的偏多，如財務、文員類等崗位。我的課適合零基礎的人學，通過這套課程，學員可以掌握 Excel 的基本操作、表格美化、數據分析等常用技巧。

快手上的學員和我之前在培訓機構接觸的學員基礎不太一樣，很多完全是白紙，我之前都沒接觸過這麼「白」的。

在沒上正式課之前，我在快手上講過一些免費的公開課，講了將近一個月，發現有的學員連鍵盤都不認識。我之前培訓都是不介紹鍵盤的，這次錄課增加了鍵盤使用的內容。我之前做培訓是不介紹 Excel 怎麼打開和關閉的，這套付費課裏都會介紹 Excel 怎麼新建、怎麼打開、怎麼關閉。

雖然沒有任何基礎，但是我能看得出，他們真的很想學。只要他們想學，就能學會。有些學員今天我講這個知識點，他會來聽，明天我再講同一個知識點，他還會過來聽，還反饋昨天沒怎麼懂，今天聽第二遍就懂了。

成功的秘訣是提供有價值的內容和人勤奮

我在快手上的學員來自全國各地，國外的華人也會來學習。

現在我住在農村，全職在快手上教學。我已經和之前所在的培訓機構解約了，線下的培訓邀請我也不去了。

我丈夫是貨車司機，我現在的收入比他高多了。雖然他對我在網上講的內容完全不懂，但是他非常支持我。

快手上所有的視頻都是我一個人來拍的，自從做了快手課堂之後，我請了兩個助手來解答問題，現在我們是三個人的小團隊。

這兩個夥伴是我很熟悉的朋友，也是在同一個平台做 Excel 培訓的講師。上午 8 點左右開始，到晚上 11 點結束，學員在課程裏有不懂的，這兩位講師就會幫忙解答。

我認為我的課程賣得好的原因有兩個：有價值和人勤奮。

第一，要給人們創造價值，讓他們有所收穫，他們才會購買你的課程。

我賣課的技巧就是不斷告訴粉絲，學習是可以讓自己有所提升的。在我的正式學員中，有很多人反饋情況，通過學習我的課程，工作效率提升了，工資也漲了，生活質量也提高了，所以人也很開心，通過這些口碑的傳播，就有更多的人想買我的課。

第二，想做成事，人就得勤奮。我每天都要直播 3~4 個小時，每天都跟粉絲有互動，知識給他們帶來一定的幫助，他們才會買我的課。

直播的時候，我不鼓勵他們送禮物。他們刷禮物我都會告訴他們，你們刷禮物，我就只能說一聲謝謝，如果真的感覺我講得好，建議購買我的課程，反正都是花錢，花在正途上還可以提升自己。購買課程不但支持了我，還能學到知識，但刷禮物對他們自己的幫助並不大。

另外，我每天在快手上更新小技巧視頻時，也會在作品下面告訴大家，我有這個課程在售中，你想系統學可以購買，這樣也能吸引很多看到我作品的人買課。

總之，通過快手，只要你做得好，就一定會有收入。

快手官方對我們也很好，有問題都能給我們解決。有一次，我們錄好的視頻課不能全屏觀看，因為學員更希望全屏觀看，所以我就跟小助手反映。不久之後這個功能就上線了，快手在反饋用戶需求這方面做得真的很好，我只要有一點問題，跟小助手反饋，都會得到及時解答、及時改善。

我現在已經開始錄製快手課堂的新課程了，也是屬於 Excel 的系統學習課程。新課程會更加細緻、更加完善。目前推出的一個 10 集的 Excel 課程，定價 89 元，已經有 10,000 多人購買了，我還會繼續推出更多更好的課程。

寵物醫生安爸：
在快手傳播了知識收穫了愛情

安爸堪稱快手上第一個寵物醫生，早在 2014 年他就開始玩快手、拍寵物。五年過去了，雖然安爸的粉絲只有 10 多萬，而很多寵物主播的粉絲數量是他的十幾二十倍，但這 10 多萬粉絲每年能給他創造 100 萬元以上的利潤，比很多中小企業利潤都高。

為甚麼這麼少的粉絲卻能讓他賺到這麼多錢呢？

答案就是「精準」。

安爸從一開始就聚焦於寵物醫療和科普，關注他的都是養寵物、愛寵物的老鐵，都是精準的潛在客户。這樣高質量的粉絲，雖然人數並不多，但購買力非常強，這對很多想在快手上挖掘商機的朋友來説，是很有益的啟示。

小檔案

快手名字：私人寵物醫生 安爸

快手號：Anbayisheng

籍貫：吉林延吉

年齡：28 歲

學歷：本科

快手主題：寵物醫療

快手拍攝風格：寵物病例和治療過程

對快手老鐵的寄語：只需要做自己就可以，不需要跟風和模仿，就會擁有志同道合的粉絲

商業模式：通過快手小店等方式售賣寵物用品

講述人：安爸

因為童年遺憾，我成了寵物醫生

我是一名普通的寵物醫生，在接觸快手之前，每天過得都差不多，接觸的不是貓就是狗，不是狗屎就是貓尿，收入有限，職業也不被尊重。接觸快手之後，我最喜歡做的事就是發一些養寵知識的短視頻，大家會給我可愛的小心心。老鐵們的信任讓我收穫了前所未有的職業認同感。我沒想到，有一天我也可以因為傳播知識而收穫事業和感情。

小時候，我一直想當一名軍人，馳騁沙場、保衛祖國，說起來就讓人熱血沸騰。但後來發生了一件事，徹底改變了我的人生軌跡。

那時我還在讀書，背着家裏人用過年攢的壓歲錢買了兩隻小狗，雪球是一隻雪白色的薩摩耶犬，無敵是一隻黑色帥氣的阿拉斯加雪橇犬，牠們都特別聽話。因為牠倆從來沒有洗過澡，身上臭臭的，所以我給牠倆洗了個澡，當天晚上還挺好，結果第二天雪球就

不吃東西了，還拉肚子，無敵精神也不是很好。我和我哥就帶牠倆去了寵物診所，寵物醫生說狗感染了犬瘟熱和細小病毒，是很嚴重的傳染病，死亡率很高。需要每天來打五針才有可能活，一天的治療費用是 400 元，兩隻狗就是 800 元，大概要治療五天。

一開始我根本不相信，狗只是有一點小毛病，怎麼就要死了？怎麼就要那麼多錢看病？於是我們帶着小狗回家了，結果當天晚上雪球就便血了，我們連夜又帶着狗狗去了寵物診所，敲了好久才有人開門。我倆掏遍了身上所有的口袋也就湊了 600 元，好說歹說讓醫生先給小狗打了針，說好我倆明天過來送剩餘的錢。

後來，我倆向所有同學和朋友都借了一遍，終於把藥費湊齊了，但雪球和無敵還是離開了我們。最讓我難受的是雪球臨死前還衝我努力地搖了搖尾巴，那時候的我真的好恨啊：為甚麼自己沒有照顧好牠倆？為甚麼自己甚麼都做不了？

於是，再後來，這世間可能就少了一位軍官，而多了一名充滿使命感的獸醫。可能是源於童年的遺憾，我始終帶着對寵物的愛在幫助牠們的主人，而不會像寵物行業的有些從業者那樣唯利是圖，這也是我能在快手上收穫鐵粉的原因。

在快手上選擇做一個真正的知識傳播者

嚴格來說我應該是快手上的第一個寵物醫生。我接觸快手的時候是 2014 年，那時快手還不像現在這樣火爆，只是一個剛剛興起的短視頻 App，一個發寵物視頻的都沒有。我隨便發了一個我家小狗洗澡的視頻，結果就上熱門了，獲得了 20 多萬的瀏覽量。當我忙完工作打開手機看到源源不斷的評論和點讚時，我嚇壞了，還以為系統出故障了呢。

嘗到甜頭的我沒事就發一些我家狗狗的日常視頻，作品經常上熱門，很快就積累了三萬多粉絲，現在看來不算甚麼，但在當時我已經算是粉絲最多的萌寵博主了。後來我就想，能不能通過快手作品，給大家科普一些養寵知識，避免雪球和無敵的悲劇再次發生。於是我就開始嘗試拍攝一些寵物科普的作品，但因為那時快手還沒有長視頻功能，所以我就琢磨出用「圖片 + 錄音」的方法來科普養寵知識。這個方法至今還有快手上的寵物醫生在用。

我興衝衝地以為會有很多人看，但在當時，科普視頻發出後評論和點讚的人寥寥無幾，別說上熱門了，連瀏覽量都少得可憐。理想的火花剛一出現，就被現實無情地澆滅了。

那段時間我很糾結，只要一發萌寵視頻，就會上熱門，就可以增加很多粉絲，但一發科普視頻，就無人問津。反覆嘗試了許多次，我終於明白了魚與熊掌不可兼得，萌寵視頻之所以會上熱門是因為所有的人都喜歡看，它沒甚麼硬性條件，也不需要有甚麼要求，只要拍攝的寵物有趣、可愛就可以了，大家呵呵一樂，雙擊關注就來了。

但寵物科普視頻就不一樣了，想看寵物科普視頻的人，首先大概率是養寵物的人，而且還要對你這個話題感興趣，才會點進來看。比如，我今天科普的是貓咪知識，那麼養狗的人多半就不感興趣。

在滿足虛榮心和堅持理想之間，我曾搖擺過，但最終我還是選擇堅持理想，堅持內心深處的諾言，「我要當好一名獸醫，我要好好照顧雪球和無敵的小夥伴」。

時間過得很快，快手上的萌寵博主愈來愈多，也愈來愈吃香了。以前粉絲還沒我多的小夥伴，現在可能粉絲數的一個零頭都比我多。有時大家甚至勸我還是多發寵物搞笑的段子，粉絲數很快就能趕上來了。但我仍然在默默地堅守着，不為粉絲數，不為禮物，只為心中的理想。

我也不知道從甚麼時候開始，慢慢就有人通過快手找到了我的微信，希望我幫他們家生病的寵物看病，說看我的快手作品覺得我很專業。也不知道是我的醫術真的很棒（心裏默默配上害羞的表情包），還是個別寵物醫生不太負責，很多當地寵物醫院看不好的疾病在我的指導下真的被治癒了。

於是我在快手養寵圈漸漸就有了點名氣，每當有人發快手作品說自己的寵物生病了，就會有好多人在評論裏 @ 我，讓他抓緊時間找我治療。後來愈來愈多的人慕名向我求助，諮詢各種各樣養寵的問題，我就在快手開起了直播，每天晚上 9 點給大家免費解答養寵問題。

再後來網上經常曝出狗糧、貓糧造假的新聞，很多人都擔心自己會買到假狗糧、假的驅蟲藥，害死自己家的寵物，所以總有人問能不能在我這裏購買寵物用品，因為他們相信我不會為了利益傷害貓貓狗狗。來問的人太多了，於是我又開起了網上商店。

其實絕大多數人遇到的養寵問題都差不多，像狗狗感冒了怎麼辦？貓咪感染皰疹病毒怎麼治療？懷孕了還能養寵物嗎？因為問同樣問題的人實在太多了，一對一講解根本忙不過來，於是我就嘗試着在微信羣裏講課，我會事先蒐集一些大家都很關注的話題，然後製作相關的課程，等課件做好了就在朋友圈預熱，如果有想要學習這些課程的人可以購買，一節課限額 100 名，聽課費 50 元，包教包會。

現在，快手也推出了「快手課堂」，我也在嘗試，直接在快手上給大家講課，傳授知識經驗，這樣更直接、更方便。

不是看熱鬧，而是真正走進一個人的生活

四年的時間過去了，當初月薪 1,500 元的小獸醫，現在成了知名的寵物自媒體人，年收入 100 萬元左右。當時隨手註冊的網上商店現在已經快四顆皇冠了，每個月都能賣出至少 6,000 斤狗糧。

我推出的課程也深受普通養寵人的歡迎，50 元一節課的課程，我差不多賣出了 4,000 多節課，大大超出了我的預期。

現在我的團隊有八個人，專門設有網上商店的客服、發貨的庫管、維繫老顧客的助理，還有拓展新粉絲的文案。

因為快手，當初被人看不起的獸醫蛻變成受人尊重的寵物醫生。在這四年裏，我不但成就了事業，還收穫了愛情。我的妻子就是通過快手同城認識的。她非常喜歡狗，但因為她媽媽不讓她養，所以就特別羨慕有寵物的人。正好我總在快手上發自己家寵物的視頻，她在同城上看到了，就關注了我，因為我倆住得也不遠，有的時候我工作特別忙，她就會來幫我遛狗，一來二去，就遛成了我媳婦兒。

我倆婚禮的那天還特意在快手上直播，想要通過快手把我們的喜悅分享給我的真愛粉，因為沒有快手就沒有我倆的結合。

在我的影響下，現在很多線下的寵物醫生都紛紛下載了快手 App，也開始拍攝自己的日常工作，這些變化讓大家了解到，其實獸醫早就不是以往那種「地中海大叔」的形象了，獸醫也有帥小伙，也可以西裝革履、帥氣逼人。

感恩快手，因為不是所有的平台都能去賦能一個普通人、一個平凡的職業。就以最近非常火爆的短視頻平台為例，一個普通人如

果不跟風去拍一些熱門段子，那他可能在這些平台上永遠沒有辦法上熱門。想要上熱門，就必須扮醜、搞怪。但就算這樣吸引了一大波粉絲，也沒有多大意義，因為這樣的粉絲都是「浮粉」，是沒有辦法變現的。

這些粉絲並不是被這個人的生活所吸引，只是被一個熱點吸引過來，一旦熱點過去了，「浮粉」也就散了。像這樣的關係，頂多就是看個熱鬧的心態，是根本不會有信任感的，自然也不可能有互動。而快手更像是一羣人走進一個人的生活，大家互相認識，然後就成了朋友。

快手一直是草根的代名詞，因為它實在是太接地氣了。在這裏，普通人只需要做自己就可以，不需要跟風，不需要模仿，也會擁有志同道合的粉絲。

我只是個獸醫，不會分析甚麼大數據，但就拿我自己來說，我玩快手四年了，目前的粉絲才 10 多萬，雖然粉絲數不算多，但大多是擁有同樣興趣的精準粉絲。在快手上我發任何一個寵物科普的視頻，大家都會積極和我互動，我推薦一款寵物用品，這邊才說完，那邊就已經有人下單了，這種被無條件信任的感覺是我在其他平台上完全體會不到的。

喬三：
在快手教視頻製作，藝術賺錢兩不誤

從小對藝術感興趣且天賦頗高的喬三，畢業後為了生存開了一家餐飲店，卻因為看到了一支優秀的 MV（音樂短片）決定在快手上拍視頻。後來，由於確定了手機攝影和手機視頻剪輯製作教學的方向，喬三在快手收穫了超過 148 萬名粉絲，而他每個月的收入也保持在 5 萬元左右。

在他的影響下，僅在快手上開設賬號的學員就超過 50 個，其中一些已經擁有十幾萬甚至上百萬粉絲。從餐飲創業者，到快手視頻創作者，再到快手課堂的老師，快手讓喬三不必再在藝術和現實間取捨，真正改變了他的生活。

小檔案

快手名字：喬三（手機攝影）

快手號：XBQQQQQQ

籍貫：寧夏回族自治區康樂縣

年齡：28 歲

學歷：本科

快手主題：手機攝影、視頻製作

快手拍攝風格：用作品及教學視頻來傳遞手機攝影、手機視頻剪輯製作知識

對快手老鐵的寄語：在快手成功的秘訣——好作品靠用心更靠行動

商業模式：快手課堂老師，出售手機攝影及視頻製作相關課程，開設直播，指導短視頻拍攝技巧及系統玩法，後期製作相關合作等

講述人：喬三

一個 MV 讓我與快手結緣

我畢業於黃山學院藝術系。因為不喜歡受約束的工作，加上家裏很大一部分人都在做生意，所以我畢業後就萌生了創業的念頭。第一次創業我並沒有選擇和專業相關的藝術領域，而是回到甘肅老家和兩個兄弟一起開了一家餐飲店。

當時是 2017 年，西北地區對於網絡新興平台剛開始接受，我也是在這段時期開始接觸到快手的。最開始，我在上面發佈了一些自己在飯店裏工作的場景的視頻，還有一些日常的生活狀態，大概堅持了有一兩個月的時間。

遺憾的是，那段時間我的粉絲並沒有漲多少，視頻內容也沒有上熱門，只能先停下來反思。之後差不多一年裏，我都在尋找一個可以重新切入的點，直到 2018 年初，我在快手上看到了一個用手

機拍攝的 MV。直到現在我的印象還十分深刻，那個視頻無論是製作還是剪輯，在當時都算是非常不錯的了。受它的啟發，我產生了一個想法，既然別人能玩，我也肯定能玩。

上大學時我就比較喜歡攝影，也跟同寢室熱衷攝影的舍友學習過一些相關的知識，所以手機攝影正式成為我經營快手的方向。可以說，讓我與快手真正結緣，決定在快手上認真拍攝視頻的契機，就是這支 MV。

自己摸索的過程中，發現視頻製作學習的需求

2018 年初的時候，快手上用手機教大家攝影的人還不多。一部分只是單純地教學，沒有作品輔助。其他的則是單純地發作品，沒有分析講解。我選擇將作品分享給大家，同時明確告訴大家這是用手機拍攝的，以及是如何拍攝的。

用心做視頻，算是我的首要原則。但僅僅用心是不夠的，還需要切實的行動來支撐。最開始，我會關注很多主播，研究他們的拍攝技巧，同時下載各種各樣有關攝影的 App，去學習拍攝時需要用到的專業知識，給自己補充能量。在我看來，沒有專業知識的支撐很難拍出好作品，而這需要時間慢慢琢磨和學習。

2018 年 2 月，我開始了真正的拍攝。每天出去拍一些花花草草和人物，所有我能看到的、我認為能提升技術的我都拍，拍完之後進行製作。但這時我發現，別人的視頻無論是色彩還是配音都做得更好，我這才意識到視頻製作的技術也必須要學。

之後我下載了大大小小 30 幾款軟件進行學習。每當從網上了解到，或者別人介紹了好用的視頻製作軟件時，我就立馬下載來研究。

在我的快手主頁上，目前能看到的第一個作品是 2018 年 4 月 12 日在西寧拍的。最開始練手的作品都沒有發佈，還有的已經被我隱藏了，分享出來的是我邊學邊製作相對比較滿意的作品。記得一次晚上回家的路上，天下着小雨，剛好當天新學了一個拍攝小技巧，所以我在雨中拍了三四個鏡頭，回家後立馬用手機剪輯製作了成品，晚上 11 點多發在了快手上。沒想到第二天就上了熱門，單部作品就漲了 7,000 多個粉絲，當時我特別開心，這一下子激起了我的全部熱情，我就更加努力地去學習技巧知識來提升自己的能力。

所以，在快手上，只要是你用心做的好作品，就一定會被人看到的。

快手課堂讓我蛻變為知識付費老師

我打小喜歡網絡，也愛研究新興產品。在收入這方面，2017 年我就開始設想能不能通過快手，像別人一樣開直播，增加收入，但苦於一直找不到切入點。直到確定手機攝影這個方向後，通過在快手上傳的作品，我接到了一些視頻後期製作的項目，賺取了少量佣金。但正式的第一桶金，還應該算是來自快手課堂。

2018 年 6 月，我接到了快手官方發來的私訊，快手課堂剛剛推出，需要一些老師來做測試。我認為這是一個機會，在認真考慮後填寫了資料，添加了官方客服。在官方指導下，我開設了第一堂課，內容是教大家用手機製作視頻，價格是 99 元，當時有 19 人報名，我賺了 1,881 元。

但那時我只有 1.1 萬粉絲，我還需要吸引更多粉絲來擴展我的受眾。對於快速吸引粉絲，我的心得是不能閉門造車。因為每個粉絲的評判標準不一樣，多看平台上其他優質作品才能抓到規律。

我的總結是：首先，分列圖一定要足夠有吸引力，激起用戶的好奇心；其次，封面標題要和視頻內容相符，不宜過長且儘量使用疑問句；最後，不能忽視配樂的重要性。

此外還有一個小技巧，多使用快手自帶的拍攝功能，也會相對容易上熱門。

這些經驗的效果是顯著的。2018 年 6 月，我靠着這些技巧規律拍攝的第一個作品就上了熱門。之前一萬多粉絲的時候，最多產生四萬的播放量，但學習這些技巧後發的第一個作品，就擁有了七八萬的播放量。如今，直播、學員指導、視頻課程等加在一起，我通過快手獲得的收入平均每月在 5 萬元左右。

回顧起來，從 2017 年初步有了想法，到 2018 年確定了更明確的方向，一路上快手見證了我生活的改變。

快手抹平理想和現實的差距

我從小喜歡畫畫，小時候繪畫課都是第一名。但因為出生在農村，周圍沒有甚麼藝術氛圍，加上家庭的一些原因，後來學習藝術的道路可以說是一波三折。追求藝術需要大量的資金支持，可我那時還在為生計奔波。後來第一次創業開餐飲店，學到的知識和興趣也基本沒有發揮的可能。

通過在快手做手機攝影的視頻，我重新接觸到自己感興趣的領域，並且把興趣變成了職業，還賺取了一定的收入，可以算是自己的第二次創業吧。不用再在藝術和生活之間做取捨，這一點我還是很感謝快手的。

而在我身邊，我的母親，以及和我一起開餐飲店的兄弟都挺支持我。剛做快手課堂的時候，我還曾有過猶豫，不知道能不能成功。但兄弟們覺得我可以，說為甚麼不試試，我這才下了決心。這樣的鼓勵和支持伴隨着我在快手上成長的每一個重要時刻。而我也希望把這種鼓勵和支持的力量傳遞給更多人。

如今，通過我的直播間、作品以及課程學習的學員，加入內容製作領域的，僅在快手上就有十幾個。他們少則有 1 萬 ~4 萬的粉絲，發展快的已經有 20 萬 ~40 萬粉絲了。

愈來愈多的人選擇快手，可能正是源於這個平台傳遞出的正能量正在影響愈來愈多的人吧。

閆媽媽：
自創 84 個口味韓式料理的餐飲輔導老師

1999 年離開撫順石化公司後，閆俊先後開過服裝店、快餐店、特色小吃店，摸爬滾打多年，現在她經營着自己的韓式料理店。通過在快手做小吃教程，閆俊收穫了 4.6 萬粉絲，大家都親切地喊她「閆媽媽」。

如今，閆俊通過快手獲得的收入，已經和餐飲店的收入不相上下。單從快手課堂的四期課程中，她就獲得了大概 20 萬元的收入。

在快手上，閆俊耐心地指導那些想要創業卻苦於沒有方向的人，通過快手，她實現了人生價值，也收穫了人間溫情。

小檔案

快手名字：閆媽媽街邊小吃

快手號：Yanmama6969

籍貫：遼寧撫順

年齡：49 歲

學歷：高中

快手主題：街邊小吃

快手拍攝風格：貼近百姓的街邊小吃教程

對快手老鐵的寄語：極致的真誠是我在快手上實現更多價值的秘訣

商業模式：韓式料理店，快手課堂授課

講述人：閆俊

粉絲的熱情讓我加入快手

我是遼寧省撫順市一家韓式料理店的老闆，也是快手上的「閆媽媽」。1999 年離開撫順石化公司後，我開始了自己的創業生涯。我的人生信條是「不斷進取，不服輸，不斷地幹」，這個原則伴隨着我創業的全過程。我開過服裝店，開過快餐店，還經營了 12 年我們這邊最火的撫順麻辣拌。現在，我經營韓式料理店已經四年了。快手讓我從單純的小餐飲創業者變成創業導師，收穫了滿滿的成就感和樂趣，這些都是我意想不到的收穫。

最開始玩快手，是被我女兒粉絲的熱情所感染的。我女兒在快手開設了名叫「小甜思蜜達」的賬號，進行美食吃播。她的視頻錄的全部是我們自家的美食，比如今天吃飯糰，明天吃五花肉蓋飯，後天吃炸雞，大後天吃拌麵，逐漸積累了六萬多的粉絲。

受她的視頻的影響，有不少粉絲都來過我家料理店。我記得有從瀋陽來的，有從鞍山來的，還有從錦州專門開車來我家料理店吃飯的。他們來的時候都很熱情，看到我女兒都會親切地擁抱，我特別受感染。我覺得從沒見過面的人，通過快手認識，見面可以這麼真誠，真的非常棒。

所以我和女兒說我也要加入快手，她聽後非常支持我，在錄製、操作、直播等方面，給了我非常大的幫助。那時，是快手粉絲的熱情讓我想要加入這個平台。如今，大家都親切地喊我「閆媽媽」，之前我根本沒想過我會這樣受歡迎。

極致的真誠拉近彼此的距離

2018 年 5 月，我在快手錄製的第一個作品是我們家的火辣雞爪。沒記錯的話，當時我只有 30 多個粉絲，但點擊率居然超過了四萬。我很受鼓舞，立刻做了第二個作品麻辣拌。因為我這個人緊張的時候會磕巴，光作品開頭那句「大家好」，就翻來覆去錄了七八遍，整個作品錄了一個多小時。雖然挺不容易，但第二個作品為我帶來了一萬多的粉絲，而這僅僅是剛剛起步。

後來發生了一件讓我特別感動的事情。因為我用的直播架不太好用，有時會打斷我的直播過程。大概在 2018 年六七月的時候，店裏來了一對來自通化的小兩口，女孩大概二十七八歲，來的時候帶了一些水果和禮品，見到我特別親切，說：「閆媽媽，我來看你了。」

我當時又驚訝又感動，沒想到會有粉絲來看我。後來在聊天中得知，兩個人開了八小時的車過來，就為了來看我，還給我送來了直播時用的支架。我感受到了他們的心意，很溫暖。後來，他們也只待了半小時，一口飯沒吃就又開車回去了。

快手真的是一個氛圍特別好的地方。很多非常有才華的普通人匯聚於此，都在真心實意地將自己的技能和經驗教給大家，而粉絲們也都很真誠熱情。快手拉近了我們之間的距離，讓我們彼此影響、共同進步。所以我在快手上錄製視頻也一直付出極致的真誠，並會將這種真誠堅持下去。

在快手實現更大價值

剛進入餐飲行業的時候，那個年代網絡還不發達，從開店的方法到菜品的設置都沒有人教你，所有事情都需要自己摸索。我現在經營的韓餐店的 84 個口味，都是自主研發的。身邊大多數做餐飲生意的朋友都說，別人開店是為了賺錢，而我是為了做事。

所以我就在想，能不能在快手這個平台，發揮我更大的價值，引導那些想創業但不知道怎麼開始的朋友。他們就像當年的我一樣，想幹事，渾身是力量，但苦於沒有目標，不知從哪兒下手。我現在的任務就是做直播引導他們怎麼去創業，幫他們樹立明確的目標。

每次直播中，我都會免費教大家廚房的基礎知識，還有小吃的做法，比如餛飩、麻辣燙、辣椒油、調料油的製作。這需要我在廚房來回走動，所以我從來沒有坐着直播過，白天幹活累了，直播時就跪在櫈子上，緩解腿的腫脹。

一個粉絲特別心疼我，給我送了一把能坐能躺的椅子，還給我送了一面錦旗。後來我才知道他是我的一名學員，通過我學會了麻辣拌料包的製作方法，豐富了自己網店的商品。

快手帶來了另一種生活

在我的課程裏，不僅教美食的製作，我還會傳授學員相關的經營理念，比如怎麼選址、怎麼營運、怎麼做前期鋪墊、怎麼裝修、買甚麼樣的廚具等。這些對一個店舖的經營尤為重要，我教的都是非常細緻的點，因此用時也比較長。上期課程為期是十天，一節課是 45 分鐘，但有時我會從晚上 8 點開始，一直講到半夜 12 點。

我還為學員建立了相關的羣。直播時我女兒會把底下的提問一條條記下來，下播後我就在羣裏解答他們的問題。我還會在枕頭邊放上本子和筆，用來記錄突然想到的靈感。這對身體的消耗比較大，家人在這一點上一直比較擔心我。

但學員的熱情和信任，也讓我的家人非常感動。在我們家的日常聊天裏，這些學員就像我們的家人一樣常常被提起，我們牽掛着他們，他們也牽掛着我們，這是推動我在快手一直堅持下去的力量。現在，學員們送來的錦旗，一間屋子已經掛不下了。

我們家的韓式料理店生意非常好，而通過快手獲得的收入和餐飲店的收入已經不相上下了。在快手課堂，我已經上了四期課程，收入在 20 萬元左右，這給我的家庭以及生活帶來了很大的改變。但更重要的是，我收穫了遠超過以往任何時期的粉絲的熱情與信任，這股人間溫情和正能量已經融進了我在快手的點點滴滴，以後我還會傳遞給更多的人。

第四章

快手音樂人：做音樂不再是少數人的專利

本章概述

如果沒有快手，鬍子歌可能還是一個寂寂無聞的街頭歌手，一個鬱鬱不得志的中年男人。鬍子歌把彈唱的陣地從街頭轉移到了直播間，這不僅讓他有機會講自己的故事，與喜歡他的粉絲互動，更讓他獲得了收入，解決了生活問題，「做着喜歡的事情就把錢掙了」。名叫「大兵」和「小蓉」的音樂愛好者在快手上相識、相戀，在廣州結婚、生子，每天在廣州塔下同一個地方唱歌直播。人不帥，嗓子好，愛唱歌，不識譜，一開口，必跑調，「本亮大叔」在快手號上寫着，「沒有專業知識，網絡展示個人愛好」，但很多人喜歡他的表演，現在他有 1,000 多萬粉絲。

如果沒有快手，這樣的故事不會發生，他們更難從中獲得經濟支持。像「鬍子哥」、「本亮大叔」和「大兵」、「小蓉」這樣的普通人有千千萬萬，但在快手上，他們都有被看見的可能和價值。唱歌、直播既成為他們生活的一部分，也為他們的生活提供了支持和保障。這正是對「普惠理念」最好的詮釋。

本章案例

髫子歌：一把吉他闖蕩天涯，流浪歌手一夜成名

曲肖冰：不用「端着」的互聯網時代新音樂人

劉鵬遠：很多人都有音樂夢，在快手夢想被放大

快手音樂人：做音樂不再是少數人的專利

袁帥　快手音樂人負責人

如果沒有快手，鬍子歌可能還是一個寂寂無聞的街頭歌手，一個鬱鬱不得志的中年男人。背着十幾年前買的第一把吉他，整日遊蕩在城市的地下通道和大排檔，躲避着醉酒難纏的點歌客人。

直到 2015 年，一位客人把他唱歌的視頻發到了快手上，從此改變了他的命運。成為快手音樂紅人的他，不必東奔西跑、經受日曬雨淋，只要支起手機、打開直播，就有無數線上線下的粉絲前來，等他一展歌喉。

在快手上，像鬍子歌這樣熱愛音樂，在鏡頭前展現才藝，甚至藉此改變生活的人數以百萬計。在他們當中，有以音樂為畢生職業的樂手、創作者，也有在戶外唱歌的網絡紅人，但更多的是喜歡聽歌唱歌，和音樂一起律動的普通用戶。

做音樂，不再是少數專業人士的專利

說到「音樂人」，很多人第一反應是以創作和表演為生、受過專業訓練、身懷唱作技藝的人。但根據官方統計數據，每天在快手上發佈音樂作品的用戶中，只有 1.7% 的人屬於此列。更多的，是像你我一樣，把音樂作為愛好，認真欣賞、翻唱、伴舞的「普通人」。

不要小瞧「普通人」的力量，這些音樂愛好者和他們的粉絲，覆蓋的日活躍用戶量達到了數千萬。比如山東廣饒的「本亮大叔」，人不帥，嗓子好，愛唱歌，不識譜，一開口，必跑調。他的快手賬號上寫着，「沒有專業知識，網絡展示個人愛好」，但很多人喜歡他的表演，現在他有 1,000 多萬的粉絲。本亮大叔是一個音樂屬性很強的人，我們也確實把他納入音樂人的範疇中。

以往，發佈一個音樂作品，需要經歷作詞、作曲、錄製、簽約、發行等煩瑣的流程，而自媒體時代，從唱作到發佈變得更簡易了，用戶有了更大的自由，但要將音樂傳播出去，還需要精心包裝、設法推廣。

如今，快手橫空出世，踢掉了歌曲發行和包裝的「中間商」，提供了成本更低的渠道與平台。只需一台可以攝影的手機，拍攝上傳一段視頻，用戶就可以生產出一個屬於自己的、獨一無二的音樂作品。而快手上良好的社區氛圍、綜合性的內容信息流以及與老鐵們的零距離互動，則給用戶提供了最好的反饋和鼓勵。

這樣一來，快手極大地豐富了「音樂人」的主體內涵。從職業歌手、藝術家，到鬍子歌這樣的街頭歌手，再到本亮大叔這樣愛唱愛演的普通音樂愛好者，我們驚喜地發現，每個人身上都有值得發掘和展示的獨特才能。無論是動聽的歌聲、獨特的演奏技藝，還是有趣的表演，或者僅僅是個人的成長故事，任何才能都可以使他成為一名出色的「音樂人」。

讓普通音樂人活得好，快手有兩件法寶

毋庸置疑，快手上有許多職業歌手，近兩個月入駐的比較有影

響力的明星，就有六七十位。但對這些頭部用戶來說，快手更像是一個普通的歌曲宣發平台，他們享受到的只是快手的一小部分服務。相比之下，快手為普通音樂人提供的附加價值更大。

首先，快手秉持平等的內容分發邏輯，讓每個優質視頻都有上熱門的機會，有被無數人看見的機會。其次，其他短視頻平台的音樂人，偏重直接通過廣告進行內容變現，這是頭部用戶效率最高的變現方法，但很多中尾部的用戶不能被惠及，在快手則不同。對平台來說，幾萬的粉絲量可能不算多，但是用戶對這幾萬粉絲開直播，可能讓他獲得近萬元的月收入。

鬍子歌把彈唱的陣地從街頭轉移到了直播間，這不僅讓他有機會講自己的故事，與喜歡他的粉絲互動，更讓他獲得了收入，解決了生活問題，「做着喜歡的事情就把錢掙了」。名叫「大兵」和「小蓉」的音樂愛好者在快手相識、相戀，在廣州結婚、生子，每天在廣州塔下同一個地方唱歌直播。

如果沒有快手，這樣的故事不會發生，他們更難從中獲得經濟支持。像「鬍子歌」、「本亮大叔」和「大兵」、「小蓉」這樣的普通人有千千萬萬，但在快手上，他們都有被看見的可能和價值。唱歌、直播既成為他們生活的一部分，也為他們的生活提供了支持和保障。這正是對「普惠理念」最好的詮釋。

快手音樂部門的兩大責任

2018 年，快手音樂部門成立，這能夠更好地保障音樂人用戶的權益，從政策方面為中尾部用戶提供直接的支持。

快手音樂背負着「商務版權」和「音樂宣發」的雙重責任。

首先，在快手上發佈的作品基本都有配樂，但由於版權的限制，平台基本無法獨立使用配樂。快手音樂負責為公司控制版權風險，幫助公司用合法的方式使用音源。

其次，快手在音樂宣發上有獨特的優勢，平台已經成為歌曲發行的新戰場。快手可以利用現有的宣發能力換取更多資源，扶持平台用戶。這樣一來，用戶在快手直播，唱自己喜歡的歌曲，可以直接獲得收入。

當然，僅有版權的扶持還不夠。與 Netflix（網飛）這樣有採購團隊的視頻公司不同，作為短視頻平台的快手，其「活水」是普通用戶貢獻的內容。因此，快手更重視平台內音樂人用戶帶來的價值。

快手致力於扶持全世界範圍內懷揣夢想的原創音樂人。2018 年推出的「音樂人計劃」，堪稱快手的「原創音樂加速器」。認證成為「音樂人」的用戶，其作品可以被精準推薦，用戶可以從原創作品中獲得版權收入。此外，快手有許多有製作、發行、代理版權能力的外部合作方，一旦快手在平台上挖掘到了「好苗子」，就可以直接為他聯繫合作方，進行培訓、包裝、發行歌曲。

僅 2018 年一年，通過「音樂人計劃」，快手已經框定了兩萬個偏頭部的音樂生產者。2019 年，這個範圍會擴大到接近百萬，把大量熱愛音樂、經常發佈音樂相關短視頻的「長尾」部分的用戶也納入進來。

依託平台強大的流量資源和曝光量，每一個音樂人都有機會把自己和作品展現給全世界。

不斷進化中的快手音樂社區

快手上的音樂人用戶及其粉絲數量眾多，這意味着，當一首歌在快手上「火」起來時，它能夠觸及上億的粉絲。帶着如此大的用戶體量，快手進軍音樂市場，勢必會成為一個不容忽視的存在，直接影響音樂宣發、製作的生態，也為音樂人提供更多選擇。

過去，歌曲的推廣基本在 QQ 音樂、網易雲音樂等傳統音樂播放平台進行。現在，每天都有無數用戶接觸短視頻中的配樂。人們逐漸認識到其中蘊含的巨大能量，把短視頻平台作為音樂推廣的主戰場。基於這種需求，快手得以與外部公司達成合作，愈來愈多的音樂人開始重視在快手端的營運。

更重要的是，借助互聯網革命，快手音樂提供了人人皆可享用的文化產品，生活在農村和城市的用戶能夠獲得平等的信息，這間接填補了城鄉之間的鴻溝，滿足了音樂生態的多元需求。

未來，快手音樂將在整個音樂行業建立起更多的合作關係。

預計到 2019 年底，國內大部分版權、製作、宣發公司以及各大播放平台等，都將與快手達成合作。而為了彌補過去與行業聯繫的不足，快手將通過站內強大的宣發能力換取行業裏的資源，為平台上的音樂人用戶提供更好的服務。

快手還將重點關注線上工作，比如，錄製歌曲，平台與音樂人共享版權，帶領發掘出的音樂人與公司對接，提供演出機會等。整個資源鏈路徑打通後，音樂人再參加線下的活動就會獲得更大的收益。

在技術方面，快手也在升級儲備。快手計劃把人工智能技術與音樂結合，實現實時編曲、為視頻自動配樂等功能，讓用戶獲得更好的音樂體驗。這也是近年業內的一大熱點。

在普惠原則的指引下，快手音樂將照亮每一個音樂人的未來。

鬍子歌：
一把吉他闖蕩天涯，流浪歌手一夜成名

作為流浪歌手，鬍子歌也曾困於「夢想與麵包」的選擇難題。他選擇在街頭巷角堅持夢想，這也就意味着選擇了窮困潦倒的生活。

還好，陪伴着他的還有一把吉他。

2015 年，鬍子歌的命運發生了轉折。之前去過的大排檔有人點名要他唱歌，他匆忙趕了過去。唱歌過程中，有人拍下了他的視頻上傳到快手。於是，鬍子歌以未曾想過的方式火了起來。

在大排檔幾乎銷聲匿跡的時代，原本無人問津的他，因為快手有了眾多粉絲。如今，户外唱歌的他常被上百人圍攏。

或許，感染聽眾的不只是他的歌，還有他歌聲中飽含生活艱辛的真實。這樣的煙火氣息，成了快手社羣生態中的一個側面。

小檔案

快手名字：鬍子歌《從熟悉到分離》

快手號：xiaohuzi99

籍貫：安徽鳳陽

年齡：37 歲

學歷：小學

快手主題：戶外吉他演奏

快手拍攝風格：一人一吉他一首歌

對快手老鐵的寄語：感動常在快手

講述人：鬍子歌

年輕的時候，我常常感到茫然，希望可以出去看一看外面的世界，找一找自己的方向。最初我從事的職業與唱歌無關，後來才漸漸找到自己喜歡和認可的方向。

我出生於 1982 年，家在安徽鳳陽，那是朱元璋的老家，那裏的鳳陽花鼓比較出名。我們那時沒有小學六年級，只有五年級。錄取通知書來了，讓我去念初中，但家裏的條件不太好，很多跟我差不多大的同學都輟學了，我也就輟學了。

輟學之後我就要承擔起家裏的經濟負擔，沒走出家鄉之前，我跟着父母在家做點小生意，賣些青辣椒、西紅柿、茄子、土豆，還賣過水果。家鄉做水果和販菜生意的人很多，後來生意比較差，沒有利潤可賺，一家人就想出鄉闖蕩。

我給老爸老媽做了思想工作，說我們得出去走一走，看一看外面的世界，說不定能有別的出路。後來我跟父母去了西安，這是我人生中的第一次遠行。

走出家鄉，我選擇了做音樂，成了流浪歌手。

這個決定源自我少時的愛好。爸爸媽媽、叔叔阿姨、姑姑都喜歡唱歌跳舞，有的還懂一些樂器演奏。受到他們熏陶，我從小就喜歡音樂。人家說音樂細胞會遺傳，我不知道是真是假。

我沒有專門學過音樂，也沒甚麼名師指點，叔叔、姑姑也都不是專業的。我只是從小喜歡聽爸爸媽媽唱歌，長大之後喜歡自己唱歌。

因為快手一夜爆紅

1999年，小鎮農村都不太富裕，很多人會靠着自己的能力出去賺一份辛苦錢。我在西安看到別人背着吉他唱歌，看到流浪歌手在街頭賣唱，被深深吸引了。

那時我不會彈琴，也不會彈吉他，但我覺得吉他配上唱歌挺好聽的，心想如果我會彈該多好。日子一天天過去，我每天看着別人彈，向人家打聽吉他彈唱的事。有的人不搭理我，因為他不認識我，覺得沒必要和我說過多的話。但我實在喜歡，總忍不住去問。其中一些熱情的流浪歌手會和我交流，告訴我應該怎麼彈，一來二去我對吉他就愈來愈喜歡了。

我跟老爸商量，買了人生第一把吉他，我記得很清楚，這把吉他是花了168元在西安民生大廈買的。從此，我的流浪生涯、歌唱生涯就伴隨着這把吉他開始了。

那時別人在大夜市唱，我在小夜市唱，就唱當時流行的《星星點燈》、《水手》、《濤聲依舊》、《忘情水》這些歌。我剛學會彈吉他沒多久，吉他還不是太合手，但也嘗試着鍛煉自己邊彈邊唱。

第一天晚上，我憑藉唱歌賺到了16元，這16元讓我找到了信心，我也由此更加熱愛音樂了。

離開西安之後，我回到老家休息了一段時間，又輾轉很多地方，包括鎮江、濟南等。2000 年，我去了南京，之後在南京待了將近七年。

2007 年 4 月 16 日，我從南京出發到了蘇州。我記得特別清楚，那時動車剛通沒多長時間。朋友們說，來蘇州看一看，這邊好做一點，我就過去了。

從 2007 年到 2015 年，我在蘇州待了整整八年。我的工作就是在街邊、大排檔、酒店唱歌，哪裏能唱，哪裏就是我的舞台。我很少在酒吧駐唱，因為酒吧的人認為我是街頭歌手、大排檔歌手，覺得我的水平不夠。

2015 年，一次偶然的機會，聽過我唱歌的一桌客人，第二天給我打電話說：「我們在這邊吃飯，你能過來給我們唱歌嗎？」於是我就去了。客人帶了兩個朋友，用手機把我唱歌的視頻錄下來發到快手上，一夜之間就獲得了上百萬點擊量。

我對網絡一竅不通，還不知道這個情況，家裏的親戚和身邊的朋友很多人在玩快手，他們給我發信息、打電話，問我是不是在快手上發了自己的作品。我說沒有。他們說是不是別人發的，他們在快手上看到我了。我在網絡上曝光，被更多人看到，他們感到很興奮。

第二天，我去大排檔唱歌時，很多人在現場圍觀，說這個人就是昨天晚上視頻裏那個唱歌的。以前我的生活自由自在、無拘無束，說實話，一下子吸引了這麼多人關注，當時還有點接受不了，有種很蒙的感覺。

從無人問津到如今粉絲眾多，我的生活有了很大的轉折。一開始，我並沒有自己的快手賬號。直到現場的粉絲問我：「那不是你發的嗎？」我說不是，我不會玩，是別人拍的。他們就建議我去下載快手。

我申請了一個快手賬號。我一公佈我的快手號，很多粉絲就關注了我，他們來自張家港、南通、上海、崑山等地，比較近的會到現場，圍在我邊上聽。我就是從那個時候接觸到快手，一點一點成長，一直走到今天的。

唱出生活的歌才好聽

我曾在大排檔碰到過很多聽歌不給錢，甚至還罵我打我的人。他們會拿酒瓶砸我，指桑罵槐地侮辱我。我和朋友以前在寧波給別人唱歌，一男一女在吃飯，突然之間我們就被人打了。後來他們只說是酒喝多了，甚麼也不記得了，當時我心裏特別委屈。

堅持自己的夢想非常不容易，我是靠自己的信念在堅持。

現在不一樣了，來聽我唱歌的都是遠道而來的粉絲，他們會和我互動。對於這種喜愛和支持，我非常開心和感動。

我開始玩快手是 2015 年 7 月，粉絲漲得最猛的一段時間是 2015—2017 年。因為我純粹靠嗓子唱，一口熱氣換一口冷氣唱，很多人覺得我的歌聲聽着還算入耳，就關注一下。於是，我一首歌接着一首歌去唱，粉絲就漲起來了。

我的着裝沒有包裝設計，我的鬍子不是刻意留的。最初唱歌時我比較瘦，總讓人感覺不夠成熟穩重。後來為了顯得成熟些，再多一些藝術感，我就蓄起了鬍子。我愛人比較愛乾淨，家裏收拾得特別清爽，她喜歡白色的純潔、乾淨，所以我也愛穿白褲子。

我是戶外直播主播，所以跟粉絲見面的機會更多，很多人會慕名而來聽我唱歌，我也認為直接和粉絲面對面地交流是最好的溝通方式。有時，現場會有很多粉絲跟我一起合唱，我也會帶動一下氣氛，和他們有唱有跳，有說有笑。我愛人一看這麼熱鬧，就想把這麼開心的一幕傳播出去，發到快手上讓更多人感受到現場的氛圍。

2016—2017 年我在戶外開直播，現場最多時有三四百人，圍觀的人擠了好多層，外層的人根本擠不進來。

音樂來自我們的生活，我認為，生活中有感情，才能唱出很好聽的歌。用心把每一首歌唱出來，傳遞給更多人聽，這就是音樂的價值。

如果有機會參加《中國好聲音》或者《星光大道》之類的節目，我就積極參與。沒有的話，我就堅持自己的初衷，把直播做好，把歌唱好，把自己分內的事情做好，把自己喜歡的事做好。

如今，我的生活狀況比以前好太多了，父母和孩子的生活也有了改善。我們現在還在租房，但已經考慮在蘇州安家了，這也是為了孩子。我和愛人還想把孩子的戶口遷過來，在這邊讀書。

我有一首原創歌曲叫《曾經的記憶》，這首歌或許不是我最滿意的作品，卻寄託了我最深的情感，對我來說，每一份真實的情感都是難能可貴的。

曲肖冰：
不用「端着」的互聯網時代新音樂人

曾經，音樂人的曝光途徑有限，多數音樂人處於行業底層，無法靠音樂吃飯。

然而，在快手，音樂人曲肖冰通過 200 多個短視頻、50 個音樂作品成功吸粉超過 500 萬，變現數百萬元，成為音樂人探索新變現渠道的成功案例。

伴隨音樂人的發展，短視頻歌曲的播放量和影響力普遍也有了顯著提高，一些音樂平台甚至一度被短視頻紅歌霸榜。

如今，音樂人不用再為變現發愁，在快手音樂人計劃中，像曲肖冰這樣的音樂人並不是個案，只要有才華，快手老鐵們都願意埋單。

小檔案

快手名字：曲肖冰（歌手）

快手號：quxiaobing

籍貫：江蘇常州

快手主題：拍攝原創音樂

快手拍攝風格：我愛説甚麼就説甚麼，不用端着

對快手老鐵的寄語：快手能容納各種層次的人，所以快手能走得長遠

商業模式：唱歌積累粉絲，做互聯網時代的音樂人，接下來要做 MCN

講述人：曲肖冰

2018 年我加入快手音樂人計劃，憑藉《重新喜歡你》這一首歌，快手就給我分成 160 萬元左右。

當時快手要推我的歌，沒有告訴我這首歌要推熱門，他們不會做這種事，完全公平公正，靠算法而非人工決定熱門推薦。快手一視同仁，從不簽約藝人，所以快手才會走得長遠。

與快手結緣

我有一個錄音棚，幾年前我把錄的歌拍成作品發到快手上。因為錄音棚的音質清晰，作品的質量比一般的錄製水平要高，所以漲粉特別快，一個視頻可以漲 7 萬 ~10 萬的粉絲。那段時間快手上只有我在錄音棚拍視頻。

很快就有很多跟風者，作品風格千篇一律。繼續在錄音棚拍攝沒甚麼創意，我便開始嘗試拍古風音樂的視頻，隨之快手上全是古風音樂的視頻。我又開始做樂隊，樂隊比較考驗專業性，不會有太多人仿效。有段時間我還喜歡上了航拍。只有和別人做的不一樣，才能走在前面。

我憑藉唱歌在快手上擁有了不少粉絲，雖然我不是音樂科班出身，但是我將唱歌作為職業已經有八年了。

創作第一首單曲的時候，我只是想出一首屬於自己的原創歌曲。身邊有朋友配樂，他編曲，我就填詞，一次就做一首歌，就當自娛自樂了。單曲除了發佈到快手，也發佈到 QQ 音樂，因為之前 QQ 音樂已經有一些我的作品了。

還有一些版權公司會給我授權，演唱一些流行歌曲的女聲版本，例如，《靜悄悄》、《離人愁》、《白羊》、《天亮以前說再見》這幾首歌的女聲版，都是我唱的。

做老闆，不做藝人

小時候我也曾想過做明星、開演唱會，後來覺得做藝人很累，要天天跑演出，面對形形色色的人，不是我能適應的狀態，所以，即便有演出我也極少參加，包括綜藝節目。

近期有一些電視劇和網劇的插曲邀請我演唱，例如，最新版《倚天屠龍記》電視劇的插曲《倆倆相忘》。

我現在很自在，我討厭端着面對生活，我可以用音樂賺錢，最重要的是可以做自己喜歡的事，我挺滿足的。

因為平時比較忙，所以很少直播。只要有空閒，我會開直播給大家唱唱歌，或者和粉絲聊聊天。

現在的狀態是我理想的生活，做自己喜歡的事，不一定要在台前表演，我還想多多提升自己的音樂素養，當我足夠專業了，大眾是能看見的。

2018 年，我成立了自己的版權公司，公司合作的網絡歌手有 100 多位，我和快手也有一些官方對接資源，可以幫這些網絡歌手製作一些質量較高的歌曲。我還簽約了一些藝人，比如，半陽，我和他屬於「革命友誼」，從最早的單曲《注定孤獨終老》到《流浪》，再從《一曲相思》到《與山》，我們在一點點進步，他是非常有才華的唱作型音樂人，我希望他未來可以登上音樂節的舞台，讓大家看到 MC（說唱歌手）轉型成功的案例。

我們現在有很多專業的製作團隊，不同風格的歌會發給不同團隊製作。簽約的藝人中有的適合商演、網絡綜藝，有的適合做獨立音樂人，我會為他們做不同的定位，往不同方向打造。

快手挺好的，可以記錄生活，也可以成就事業，順便收穫一些喜歡我的音樂的朋友。

祝願快手老鐵們：乘風破浪前程廣，鼎立創新步步高。

劉鵬遠：
很多人都有音樂夢，在快手夢想被放大

獨立音樂人劉鵬遠已經在音樂道路上堅持了十幾年，他曾是《中國最強音》、《最美和聲》等選秀節目的人氣選手，也在各類彈唱比賽中獲得過很好的成績。加入快手後，劉鵬遠重新找到了最初和大家一起玩音樂的快樂，這種久違的感覺讓他在感動之餘，還收穫了珍貴的友誼，激發了新的創作靈感。

他在快手上持續積累、不斷分享，直到作品被更多人聽到和喜歡。如今，他也在鼓勵身邊的獨立音樂人加入快手，在快手上尋找受眾，分享作品，讓自己的音樂的價值更大化。

小檔案

快手名字：鵬遠 LPY

快手號：Lpy19870626

籍貫：北京

年齡：32 歲

學歷：本科

代表作：《天堂》、《為你唱歌》、《傷心的豬》

快手拍攝風格：專注音樂，融合吉他、手鼓等多種樂器彈唱，傳播充滿正能量的音樂作品和教學片段

對快手老鐵的寄語：人生最精彩的不是你實現夢想的瞬間，而是堅持夢想的整個過程

商業模式：直播、授課、通過快手擴大影響力，獲得更多商演等合作機會

講述人：劉鵬遠

在快手上收穫一批暖心老鐵

我叫劉鵬遠，是一個獨立音樂人、唱作人、鼓手。彈吉他 17 年了，曾被羅大佑形容「人琴合一」，是朋友眼中的「彈琴自嗨症晚期患者」，一拿起吉他就瘋。

許多人認識我是因為此前我參加過一些綜藝選秀節目，比如，2013 年的《中國最強音》、2015 年的《最美和聲》等。但對我個人而言，生活照舊，波瀾不驚。每天雷打不動地起牀彈唱、睡前彈唱、演出彈唱，當老師在講台上依然彈唱，幾乎是琴不離手唱不停口。我對音樂的熱愛幾近狂熱。

在用快手之前，我從沒想過我會有這麼多可愛的粉絲。

「你終於來了，我們一直在找你」

2016 年，我的一個朋友在玩快手，當時我跟着他發過一兩個視頻，但那時候比較忙，發上去就不管了。過了兩年，朋友把一段我的視頻發到他的快手賬號上，結果很多人都說認識我，問我有沒有自己的賬號。於是我就開了一個自己的快手賬號，認真發了一個自己喜歡的作品，結果看到評論裏好多人說：「你終於來了，我們一直在找你。」

這讓我十分感動，人們總是喜歡被別人讚賞，而且真正的發自內心的讚賞彌足珍貴。在快手上我看到了老鐵們的真誠。他們不僅會通過雙擊點讚支持我，還會自發地把我唱歌的視頻轉發給朋友們看。所以我在很短的時間裏粉絲數就突破了 10 萬。

那段時間很興奮，每個人的評論我都會去看。有人說：「我看你彈吉他看了十幾年，你終於來了。」有人說：「從《中國最強音》的時候就開始關注你，沒想到你還會打鼓。」還有人問：「你有沒有教材？我想跟你學琴。」

漸漸地，我意識到快手的影響力遠遠超過我的想像。音樂人需要到全國各地去巡演，聽眾有時會把現場視頻上傳到快手。許多玩音樂或開琴行的朋友會在快手上找有關我的吉他視頻，發給他們的學生學習。

後來，我應老鐵們的邀請，開通了直播功能。在直播間把我的日常同步展示給大家，我會和老鐵們一起彈琴、聊天，這是一個互相學習的過程，就像和朋友相處一樣，不需要禮物的維持。時間久了，我們建立了非常好的友誼，我今天去了甚麼地方演出，遇到了哪些新鮮事，還有給學習音樂的朋友答疑等都會在直播間跟大家分享。這給我的生活帶來了很多快樂，就像是在生活中得到朋友們的肯定一樣，高興的時候我們通常會一起慶祝，在直播間聊得開心的時候我也會發一些禮物作為福利，禮物就是一些簡單的與吉他相關的周邊，如背帶之類的小物品。

現在在快手上跟我學吉他的人愈來愈多了。雖然他們的水平參差不齊，但我們的目的都一樣，就是為了尋找快樂。

感動源自快手上的點滴積累

我學音樂的啟蒙師父是我父親，從小跟着他學了幾個音，然後就摸索着自己練習。在成長過程中，我還有幸拜樂壇前輩常寬為師。我把音樂當作生命一樣，所以十分理解這種熱愛的感覺以及在逐夢路上有高手指點的幸福。

如今，通過快手，這份幸福變得更加簡單。因為你可以很容易看到一些比你優秀的人的作品，而且可以從容地展開對話溝通，這打破了地域上的壁壘，而且溝通的成本也大大降低了。

其實許多人的內心都藏着一個音樂夢想。在快手上，這個夢想被放大了。

有一位老鐵給我的印象十分深刻，他是一名公務員。有一次他私訊告訴我，他特別喜歡音樂，也喜歡彈吉他唱歌，但是現在很少有時間玩音樂。看了我的視頻很受觸動，他說要為自己活一次，下決心把工作辭掉，來找我學琴。

我拒絕了。

快手上類似這樣的老鐵還有許多，他們會把自己彈唱的原創視頻發給我看，問我是否可以靠音樂吃飯。我會勸他們不要衝動。如果一定要走這條路，就必須找到自己獨特的風格，慎重考慮自己適不適合走這條路。

有些老鐵從線上追到線下，跑到我的琴行來學琴。有位老鐵甚至從承德坐四個小時的車來找我，每半個月約一節課，然後回去練，我一節課才上兩個小時，他來回路上都要花八個小時。

還有個學生都 50 歲了，通過快手找到我。他曾經也有音樂夢想，但因為工作太忙，覺得堅持不下去了。看了我的視頻，又重新找到了動力。

這些感動都始於快手，最終實實在在地影響了我的生活。後來，我們不光上課，還成了彼此的朋友，因為他們也帶給我很多正能量。

2018 年發生了一件事，讓我印象特別深刻。12 月，我在石家莊有一場演出，但前一天晚上我發高燒，第二天才出發去石家莊，到石家莊後，我在快手上發了一個視頻，說幾點會在商場演出。

那是一家琴行的週年慶，邀請我當嘉賓，他們的活動從中午 12 點開始，但沒告訴我幾點上台，所以我下午 3 、4 點才到。好多人就給我發私訊，說我們中午 12 點多就來了。我剛下樓梯，很多人就圍過來，當時我真的太感動了。

通過和他們聊天我才知道，有個小哥當天本來有課，專門請假趕過來，還有家長帶着孩子來的。那天我演出完還要趕車，但主辦方比較忙，最後是一個粉絲主動開車把我送到車站的。

其實我在音樂行業這麼多年，認識我的人也不少。但我覺得快手上的老鐵十分特別，他們更加接地氣，都特別實在，我和他們之間沒有距離。早期我參加選秀節目時，觀眾會把我當作偶像，那時候和粉絲是有距離的，感覺也很不一樣。

我與快手產生的奇妙化學反應

在快手上「出名」後，我的收入也變得更加可觀。最近我就接了十幾場啤酒節的演出，是快手上一個大主播接的活動，他邀請我去。2018 年有個品牌也是通過快手找到我，老闆直接給我發私訊，說希望請我代言。還有一些琴行的週年慶活動，邀請我表演，或是音樂類比賽，請我當評委。

但對我來說，最開心的應該是認識了許多有趣的人。在這個過程中我的音樂思路變得愈來愈開闊了。在快手上，我和老鐵們總會產生一些奇妙的化學反應。

2018 年西安的快手音樂節，我在現場開了直播，粉絲們知道我那天在場，就去現場觀看我的演出，老鐵們的熱情超乎我的想像，這個人送兩瓶水，那個帶些特產，最後我的桌子上都擺滿了粉絲們送的禮物。就是這樣的點滴關注，讓我和老鐵們的心緊緊連在了一起。而這之間的那個鏈條，就是快手。

還有一個場景也讓我非常感動。記得當時需要把設備從一個城門洞搬到另一個城門洞，開車又不方便，我就喊了一聲：老鐵們，來都來了，幫我個忙，拿一拿架子鼓甚麼的。

結果沒想到，我開着直播在前面走，後面的人拿着琴，拿着鼓，隊伍愈來愈長，都是快手上關注我的老鐵。那一刻我真的感到特別幸福。

通過快手，我認識了很多有趣的靈魂。2018 年有幾個優秀的快手音樂人在北京演出，我也加入進去。和自己趣味相投的人在一起，是多麼幸運的一件事呀！因為我們都熱愛音樂，相談甚歡，最後都成了很好的朋友。

還有一件令我至今都難以忘懷的事，有個小粉絲有天私訊我說想讓我幫他挑一把吉他，偶然間得知他是一個絕症患者，但和我一樣熱愛音樂，他幾乎不會錯過我的任何一場直播。而且他很有天分，我當時特別激動，毫不猶豫就送了他一把最好的吉他，並許諾要和他一起練琴。音樂是世界上最美的語言，這種語言甚至都不需要刻意表達。快樂是抵達幸福的彼岸，通過快手，我的幸福變得很簡單。

未來想在快手首發更多作品

快手官方經常組織一些線下活動，我只要有時間都會去。比如快手音樂節全國巡演就是在大街上進行的，舞台可能沒有那麼高大上，但我很喜歡這種演出。粉絲可以和你面對面，你也可以在這裏和線上的粉絲在線下互動。

正所謂「高手在民間」，快手就是這樣一個江湖，他們可能不是傳統意義上的專業音樂人，但是他們仍然為音樂付出了很多。他們各有優點，也讓我看到了關於音樂的新的可能性。

我始終堅信一句話，人生最精彩的不是你實現夢想的瞬間，而是堅持夢想的整個過程。這句話陪伴了我的整個音樂生涯。

在音樂這條道路上，我的心態曾有過轉變。有一段時間我經常比賽，拿各種獎項。2013 年，我參加湖南衛視的節目錄製，以為有個大平台就會好一些，但其實對方需要最後簽合約，而我更渴望自由，所以就拒絕了。2015 年我參加《最美和聲》，當時在譚維維老師的組，圈裏很多同行都認可了我。

但是我已經不會把希望寄託在一個人或者一家公司上，之前我會有這種想法，認為上一個節目或者認識哪個明星，借力就可以火了。但隨着閱歷的增加，我發現這些遠遠不是關鍵，自己還需要積累沉澱。

現在我正在鼓勵我的朋友們也加入快手音樂人計劃。之前他們會錄一些自己的歌，但是只發在微信朋友圈，看到的人並不多。我就告訴他們，你註冊一個快手音樂人的賬號，把你的作品發上去試一下。

這些朋友都是很棒的音樂創作人、歌手，都有一技之長。在快手上他們的價值可以得到更好地體現。接下來，我計劃推出更多自己的原創歌曲。每一種風格我都會嘗試，民謠或搖滾。

雖然我已經在音樂的路上走了十幾年，但在快手上，我依然還是個新人。未來，我希望更加沉澱自己，不僅需要沉澱自己的音樂儲備，還要積累更多更好的作品，希望和快手的老鐵們一起，繼續努力！

第五章

快手號會是企業的標配

本章概述

在印刷時代，企業會在黃頁、報紙上刊登信息。進入互聯網時代，企業會建立網頁。有了微博、淘寶、微信後，企業能夠呈現更多內容，發佈即時信息，與消費者交流也更加便利。但以圖片和文字為主的信息，畢竟還是不夠直觀。進入短視頻時代，企業的自我表達能力要增強許多。對於企業而言，在快手的賬號可以是它展示自己的名片，可以是找到客戶的電商渠道，還可以成為吸引客戶到自己門店來消費的本地渠道。和公司網頁一樣，快手號會成為每個企業的標配。目前，中國有數千萬家企業，未來幾年，快手平台會不會有 1,000 萬家企業入駐呢？

本章案例

商家號：視頻直播成為企業發現客戶的新大陸

員工號：快手「網紅」重構員工與企業的關係

快手號會是企業的標配

嚴強　快手商業副總裁

2019 年 5 月，三一重工在快手上做了一次直播，雖然粉絲量只有 2,000 出頭，但一小時居然賣出了 31 台單價幾十萬元的壓路機。之後，三一重工加大了在快手的矩陣號的營運，甚至專門為此成立了一個部門。

這不是個案，已經有很多企業在快手上嘗到了甜頭。華為和小米旗下的大量門店已在快手開號，賣出了大量的手機；方特和海昌等遊樂園鼓勵員工在快手上開號，展現公司活動內容，吸引客戶；國內主要的房車品牌，已經有相當比例的訂單來自快手號。

和公司網頁一樣，快手號會成為每個企業的標配。目前，中國有數千萬家企業，未來幾年，快手平台會不會有 1,000 萬家企業入駐呢？

企業如何被看見：從印刷時代到短視頻時代

一家企業要成功經營，離不開員工、合作夥伴、客戶。企業需要與他們建立聯繫，建立信任。

在印刷時代，企業會在黃頁、報紙上刊登信息。進入互聯網時代，企業會建立網頁。有了微博、淘寶、微信後，企業能夠呈現更多內容，發佈即時信息，與消費者交流也更加便利。

但以圖片和文字為主的信息，畢竟還是不夠直觀。進入短視頻時代，企業的自我表達能力要增強許多。

首先，通過「短視頻＋直播」，企業可以生動直觀、有效有趣地展現自己。一個有趣的例子是富士康，富士康的工人只是拍公司食堂等日常場景，但對於潛在的想去富士康打工的人，這是非常重要的決策輔助信息，很多工人因為看到了這些關於富士康的視頻，決定進入富士康工作。

其次，快手是個日活躍用戶二億多的超級大市場。企業可以迅速觸達海量目標用戶。三一重工賣出 31 台壓路機，就是因為工程機械行業有 70%~80% 的客戶都在用快手。

再次，快手注重私域流量，企業可以與用戶形成穩定的連接。用戶長期看企業的視頻和直播，會與企業建立牢固的信任關係。這大大降低了企業維護客戶關係的成本，可以源源不斷地帶來回頭客。

總之，對於企業而言，快手號可以是它展示自己的名片，可以作為找到客戶的營銷渠道，還可以成為吸引客戶到自己門店來消費的本地渠道。相應地，我們把企業號分為品牌類、電商類和本地類三個類別。

持續迭代的快手商家號

為了更好地為企業用戶服務，快手推出了「商家號」功能。

快手商家號的核心理念，是幫助企業「有內容、有粉絲、有生意」，最終成為企業用戶長期獲益的陣地。

快手商家號是一個為有商業需求的用戶提供的商業「百寶箱」。

在總體政策上，快手會對商家號給予一定的流量優惠或扶持，以及現金的預算投入。具體來說，商家號針對不同類型的企業用戶，也提供了相應的服務。

對於品牌型企業，為了擴大它的品牌影響力，商家號一方面可以直接幫助推廣，例如開展「挑戰賽」、定製企業魔法表情、設置話題標籤頁等；另一方面也能提供相關的產品和服務，例如，粉絲頭條（作品推廣）、信息流廣告服務，讓企業的廣告投放更加靈活、價值最大化。

對於電商型企業，商家號能提高企業對接客戶的效率，全面直觀地展示所有商品。商家號安排了快手小店、視頻帶貨、直播賣貨，在企業用戶主頁整齊地展示商品，還有引導購物的入口，方便客戶通過視頻和直播進一步了解、選購商品，也方便企業與粉絲隨時互動。

對於本地型企業，商家號能降低客戶尋店難度和溝通成本。商家號主頁添加了精準的地理定位功能，可以通過導航引導客戶到店消費，還配置了電話諮詢功能，可以滿足本地型企業的營運需求。

在現實的商家號合作計劃上，快手將逐步推動重點行業頭部企業入駐，例如好未來、新東方、肯德基、海底撈、大疆等，打造頭部企業的示範作用。

快手的兩個內核價值

在不到半年的時間裏，商家號快速進化，商業生態繁榮初現。目前，快手商家號用戶數超過 60 萬，每日新增用戶數超過 1 萬，每日新增商家作品超過 50 萬，日均直播場次超過 20 萬。

商家號作為快手商業生態的一個基石性產品，會不斷迭代升級，上線「優惠券」、「買家羣」、「@ 內容聚合」、「地點認領」等功能，不斷吸收精準粉絲人羣，增強用戶黏性、提升商業轉化。快手商家號在營運過程中，會收穫更長線的價值。

其一是商業生態價值。企業在平台上進行營銷，最常見的方式是廣告投放，但這種模式相對傳統，投放量級也往往受經濟環境的變化、企業發展階段等多方面因素影響，會存在天花板。快手更關心的不是單純地賺取廣告收益，而是如何構建長效營銷機制，幫助企業在平台上獲得更大的收益。對於大量的中小企業自助廣告主而言，快手商家號其實就是通過一個生態型的產品來進行未來的商業化，來提升它的上界、廣度與深度。這樣也能實現商業生態的可持續發展，各方都能因此受益。

其二是社區生態價值。企業不僅僅是在平台上賣東西、做生意，還要提供優質的視頻內容。這樣一來，用戶會喜歡企業發佈的內容，願意關注它，和它建立持續的社區社交連接。

Instagram（社交應用程序）的發展模式就是如此，到後期，用戶除了會瀏覽普通用戶發佈的有趣內容外，也會消費這些商業型用戶發佈的有趣內容，並和它們建立很深的社交連接。結果是，商家號的建設和企業的入駐，不僅不會破壞快手原有的真實有趣多元的社區生態，還會讓整個社區變得更豐富。

商家號：
視頻直播成為企業發現客戶的新大陸

傳統公司的產品銷售與招聘，在短視頻時代面臨新一輪的機遇。

三一重工通過在快手平台上的直播，建立與用戶面對面的銷售渠道，視頻讓信任感的建立變得容易；愈來愈多的二手車市場銷售經理，將快手平台看作一個新大陸，傳統銷售所遭遇的革新與顛覆才剛剛開始；富士康的員工化身招聘達人，在快手平台上傳各種短視頻，在民工荒的時代為公司提供了源源不斷的人力資源。

在這個短視頻和直播的風口，我們看得見企業開闢出來的新市場。憑藉以快手為代表的短視頻社區，一種新型的公司—用戶關係正在產生。

三一重工：一小時直播賣出 31 台壓路機

一個令人尖叫的案例是，2019 年春，三一重工用自己剛剛註冊的快手官方號，在快手平台上直播一個小時賣出了 31 台壓路機，每台壓路機的價格高達 35 萬~45 萬元，考慮到此時三一重工僅有幾千粉絲，這一成績尤其令人驚歎。

最初是一個女孩開挖掘機的視頻引起了三一重工「90 後」實習銷售經理的關注，這位銷售經理注意到有很多人點讚、評論並詢價。在一次內部的銷售會議上，她說或許我們可以在快手上找到目標客戶。

經過評估之後，三一重工啟動了快手短視頻計劃。他們的直播首秀一鳴驚人，在工程師親自講解新機的強大功能和促銷活動之後，一小時的直播收到了 31 台壓路機的訂金，並且後期全部成功轉化成交，創造了工程機械短視頻直播銷售的紀錄。

在嘗到壓路機直播銷售的甜頭後，三一重工決定更進一步，將實操培訓作為短視頻佈局重點。三一互動營銷中心策劃的快手賬號「小成課堂」（快手號：XC523188）主打挖掘機的技巧培訓，解決開挖掘機的老司機和小白用戶的實際工作問題。這進一步贏得了粉絲的信任，有很多粉絲在快手號下面諮詢產品和價格，這些用戶最終通過銷售諮詢後下單，一條短短 57 秒的視頻已經賣出了五台挖掘機。

三一重工的驚喜，一方面是因為工程機械行業 70%~80% 的客戶都在用快手，快手上發佈帶有與「挖掘機」、「壓路機」等工程機械內容相關的用戶已經超過了 45 萬。另一方面是因為短視頻內容展現形式更加多元化，傳達信息也更直接明瞭，而且快手的普惠理念讓大量開重卡、挖掘機和修理汽車機械的普通人成了快手上的「小紅人」，他們又帶動了垂直用戶在快手上進行社交，分享各種技術知識和信息。

在快手短視頻平台佈局是三一集團全方位推進數字化轉型的一個縮影。過去三一重工嘗試電商，就是工程機械行業的嘗鮮者，如今它希望再次引領數字化傳播和營銷，通過更豐富靈活的方式與客戶直接互動，贏得更多年輕客戶的青睞。

2019 年，三一重工將分事業部、產品線全方面矩陣式開放短視頻平台，多點開發共同推進新媒體和社交電商業務。

最核心的銷售秘籍：在快手上直播賣車

在石家莊花鄉二手車市場做生意的楊京瑞，比三一重工早兩年接觸快手。現在幾十萬元一輛的房車，他每年可以在快手平台上賣上三四十輛。「楊哥說房車」賬號現在有超過 59 萬粉絲，這保證了他銷售房車的可持續性。

他的客戶散在全國各地，最遠的客戶來自新疆、西藏地區。老楊一人的房車銷售金額達到上千萬元。

楊京瑞能成為快手房車網紅，得益於他一個更早玩房車的朋友的推薦。這也是快手平台用戶不斷增加的重要原因，口碑傳播產生永不止息的吸聚效應。

「楊哥說房車」形成了自身的示範效應。前一段時間，花鄉二手車市場的總經理在一次商戶月底會議上，要求市場裏的每個商戶都下載快手。現在市場裏有十幾家經銷商每天做直播，而且銷售業績都不錯。

直播賣車在經銷商圈內已經不是一個秘密，類似老楊直播賣房車的故事，正在全國各地上演。直播與短視頻電商正在改變汽車的銷售市場，客戶從本地變成全國各地，而在此過程中，汽車品牌廠商的渠道佈局和營銷方式也發生了變化。

山東臨沂的盛業房車也在快手上收穫了公司 50% 的客戶。在山東臨沂盛業房車從事銷售工作的廣東人陳金，將快手直播機制當作自己最核心的銷售秘籍。他要求自己麾下的 20 多名銷售人員必須開設快手賬號，並且每人每天至少上傳三條視頻。銷售人員和加盟商都要接受快手號營運方面的培訓。

陳金和他的同事們的快手粉絲從幾千到百萬不等，快手號是公司資產，銷售業務員離職後，其所營運的快手號要交回公司。

借助快手平台，盛業房車的銷售額像火箭一般躥升。工廠的出車量在國內可以排第一名，差不多是十幾個 4S 店（汽車銷售服務店）的銷量。2017 年的銷售額比 2016 年增長了 10 倍，2018 年比 2017 年又翻了一番，銷售額達到 2.4 億元，預計在 2019 年將繼續保持倍速增長。

談起快手何以有如此強的帶貨能力，他們都提到，相比傳統的論壇圖文海報模式，短視頻可以提高客戶體驗感和信任感。這種體驗和信任感是如此之強，以至於幾十萬的房車和壓路機都因此可以批量售賣。

富士康：在快手上直播招工

2009 年，程斌成了富士康的一名流水線作業工人。金融危機剛剛席捲而過，工作並不是那麼好找，程斌為了就業甚至還交了「入廠費」。

10 年後的今天，形勢早已逆轉。像富士康這樣曾經的「打工聖地」也面臨民工荒，公司為此出台內推獎勵政策，誰推薦新人入廠誰就會獲得 1,000~3,000 元不等的獎金。程斌抓住了這次機會，他在快手註冊了名為「富士康總部 @ 面試官」的賬號，玩短視頻的同時，通過招工內推開闢了一個可觀的收入來源。

在富士康，像程斌這樣的快手達人還有很多。其中一個叫「富士康電子廠 @ 衝刺 30 萬」的賬號使用者，推薦成功進廠的正式員工達 1,200 人，一年賺到的內推獎金超過 100 萬元。對富士康而言，快手儼然已是比任何務工中介都更有效的招聘平台。

直播和短視頻作為一種新興的傳播載體，在提供娛樂內容之外，具備的可能性遠比大家想像的大。

在展示企業文化和環境上，短視頻和直播具有獨特的優勢，利用短視頻和直播展示企業工作環境、宣傳企業文化，會比在傳統的招聘網站上的展示更加立體，也更加接地氣。對於已經開始步入社會，成為年輕一代消費主力的「95 後」來說，他們是互聯網原住民，伴隨互聯網成長起來，不管是買東西還是找工作都更傾向於互聯網，也更容易接受直播和短視頻這種展示方式。

企業發現客戶的新大陸

快手構建的對接企業與客戶的新型平台生態，成為 2019 年引人注目的互聯網商業奇觀。在這裏，企業及其代理人被平台賦予了無限多個觸點，可以精準觸及目標用戶，世界在這裏不僅變平，而且大家儼然共生在一個手機屏幕方寸間的熟人社會裏，彼此可信賴，交易零距離。

這對所有的企業而言，都是一個有待進一步開發的新大陸。快手也正在提供愈來愈大的可能性。直播與短視頻如同助力的翅膀，讓企業飛得更高更穩。

員工號：
快手「網紅」重構員工與企業的關係

2019 年 8 月 1 日，周延同在快手上傳了一段視頻。帥帥的馴養師想跟白色的海豚親嘴，但海豚不配合，馴養師只好從岸上拿了一條小魚餵給海豚，很快，海豚身體前傾在馴養師的嘴上深深印了一個吻。一天時間內，這段充滿濃濃愛意的視頻，播放量已經超過 19 萬。

周延同是天津海昌極地海洋公園（以下簡稱海昌海洋公園）的馴養師，他在營運一個叫「大白與周老師」的快手賬號。周老師是他本人，大白是一隻萌萌的白色海豚，大白與周老師的互動充滿溫情，讓快手的一眾老鐵看後內心那叫一個爽。

「大白與周老師」（快手號：JoyZhou1）目前已經有 41.5 萬粉絲，但這還不是天津海昌極地海洋公園明星馴養師最大的快手號。2017 年至今，館內 52 名馴養師，大部分都開設了短視頻賬號，有 5 位馴養師的粉絲數量超過了 5 萬，其中馴養員趙迎春的賬號「訓練海豚鯨魚大春」（快手號：cc13821182009）的粉絲超過 90 萬。

海昌海洋公園扶持這些「網紅馴養師」成長，從而通過快手等短視頻平台擴大海昌海洋公園的知名度和美譽度。2019 年 5 月，沒有過多的宣傳，天津海昌極地海洋公園在華北地區第一尾人工飼養繁育的小海豚得到了數萬人關注，通過公園的明星馴養師的短視頻賬號，小海豚在水中出生、學習游泳，以及跟隨媽媽喝奶的過程，都吸引了大量粉絲的點讚和留言。

比起那些苦心經營「官方號」企業團隊，天津海昌極地海洋公園用自家「網紅員工」的賬號傳播，顯得非常輕鬆有效。

「大白與周老師」秀親密視頻的當天，有數千個帶有「小米直供」字樣的小米品牌電子產品直供賬號也在快手上發佈短視頻，通過線下與線上聯動、資源互通，進而全面擁抱用戶。

因為「米粉」與快手老鐵的高度重合，以及短視頻內容的強互動、高黏性，讓小米看到了快手價值窪地。小米成功把新零售概念通過「線上＋線下」的方式結合到一起，線下渠道大量鋪貨，線上同步新營銷，促進小米公司的電子產品的銷量不斷攀升。而快手成為小米的重要舞台。

「撩小米」展現互聯網營銷奇觀

「小愛同學，我想聽《遠走高飛》。」

2017 年 9 月 4 日，對山東臨沂小米直供店店長小薛來說是一個值得紀念的日子。他將手機鏡頭聚焦在展示櫃台上的白色小米 AI 音箱「小愛」上，錄製了一段 11 秒的視頻，上傳到了快手平台上。

這是他第一次玩快手短視頻，還沒有太多經驗。AI 音箱上停留了一隻蒼蠅，小薛「遠走高飛」的話音剛落，那只蒼蠅就真的離開音箱，「遠走高飛」了。

這隻蒼蠅竟意外成為這則短視頻最大的一個梗。有老鐵在下面留言說：「把那隻蒼蠅趕走，哈哈。」「哥，你那隻蒼蠅認真的嗎？還真配合你，果然遠走高飛了。」這是快手個人號的一個特點，不求完美，只要不會對品牌造成傷害，個性化的表達，包括一些突如其來的意外，都可能成為傳播利器，進而對營銷構成利好。

剛註冊的「小薛科技客」（快手號：mi93666666）賬號還沒有幾個粉絲，但這則視頻卻有了超過 2,000 的播放量。這對小薛是個鼓舞，接下來近兩年時間內，他斷斷續續在快手上發佈了 200 多個作品，單個視頻播放量最高達 3,000,000+，互動 30,000+。對一個以銷售手機為直接訴求的小米直供店而言，這樣的成績太讓人驚豔了。

在快手的賦能之下，不斷湧現的小米明星店長成為當地 KOL（關鍵意見領袖），小米已經誕生了十幾位明星店長，他們成為當地的「網紅」，極有力地帶動周邊的活躍度。店長們通過自身的影響力帶動周邊老鐵、「米粉」的活躍度，從而增加與小米店長的黏性，直接促進成交。

每年 4 月都是小米傳統的「米粉節」，但 2019 年有些不一樣：「米粉節」已不僅僅是線下狂歡，小米在快手上發起了一場「一起撩小米」活動。線上線下聯動，線下「米粉節」+ 線上「撩小米」展現了不一樣的互聯網短視頻營銷奇觀。

活動上線當天迅速吸引 800,000+「米粉」關注，10 天 2,000+ 視頻作品，100,000+ 新增粉絲，10,000,000+ 播放量……活動同時覆蓋了線下 50 所高校，30,000,000+ 粉絲，真正做到了線上線下聯動，打造了一場全民狂歡節。

「踩對點」、「有感情」

和小米利用海量直供人員，在各個區域展開營銷不同，天津海昌極地海洋公園則不以量多取勝，它致力於充分發掘明星動物與馴養師的價值，將他們打造成垂直領域的全國頭部網紅。

作為國內擁有最多海洋與極地動物的主題公園，海昌海洋公園在上海、大連、青島、天津等地經營了六座海洋主題公園、兩座綜合娛樂主題公園，包括白鯨、北極熊等大型海洋動物在內的生物保有量超過 6.6 萬頭，累計遊客接待量超 1.1 億人次。2018 年天津海昌極地海洋公園的營業收入位居各城市之首，一個重要的助力因素就是短視頻平台的流量效應。

據海昌海洋公園營銷部部長劉青青介紹，從 2017 年至今，館內 52 名馴養師中，大部分都開設了短視頻賬號，有五位馴養師的粉絲數量超過了 5 萬。鼓勵員工拍攝短視頻、打造「網紅員工」，成為天津海昌極地海洋公園短視頻營銷的奇招。

嘗試營運短視頻賬號的企業其實不少，但許多企業並沒有找到營運短視頻合適的方法和套路。當 2018 年天津海昌極地海洋公園的「白鯨」主題的短視頻火遍全網的時候，很多海洋公園營銷人士都在研究，為甚麼「員工號」比「企業號」更容易走紅。

「粉絲喜歡員工自己拍攝的短視頻，很多企業創意宣傳營運拍出來的視頻反而不是很火。」劉青青認為，網紅馴養師的短視頻賬號之所以粉絲關注度更高，主要是因為「踩對點」、「有感情」。

以馴養員趙迎春為例，他從 2017 年開始營運快手賬號，是海昌極地海洋公園最早玩快手的一撥人。他的視頻都是關於他和「大兒子」、「二哥」和「三哥」三頭白鯨的生活的，他給白鯨刷牙、跟白鯨嬉笑打鬧並一起表演的日常吸引了上百萬粉絲的關注，其中，他跟白鯨親暱潑水玩耍的視頻瀏覽量超過了 740 多萬次。

趙迎春的視頻中，最打動粉絲的是他與白鯨的互動和感情。他說，每頭白鯨都有自己的情緒和性格，「三哥」是一個「耿直男孩」，對馴養員的指令從來不違抗，指哪兒打哪兒，給人感覺「又衝又楞」；而「二哥」則是比較頑皮搞笑的風格，牠頭腦靈活，甚至會用拖人下水或者咬襪子等方式戲耍新來的馴養員。

「網紅白鯨」與「網紅馴養員」的故事，引起了粉絲們強烈的感情共鳴。「有很多網友通過視頻認識了白鯨，牠們沒有貓狗等動物聰明，牠們聽不懂人的語言，但牠們也會撒嬌賣萌與人溝通，還能通過人的肢體語言，發現人的喜怒哀樂。」趙迎春說。

因此，網友們紛紛給馴養師留言「要好好照顧白鯨」，並且不遠千里來看望自己長期關注的馴養員朋友。一位來自牡丹江市的用戶「初雪」在快手上發佈的視頻下留言，她關注「大春」一年多時間，2019 年 5 月專程趕到天津海昌極地海洋公園來玩，還跑到 VIP（貴賓）座席去近距離看鯨豚表演。

這樣的例子多了，海昌極地海洋公園也開始關注到快手平台的傳播力量。他們發現，粉絲對「網紅馴養師」的喜愛，遠遠多於接收品牌廣告，而員工經營「個人號」短視頻自媒體，企業投入不大，卻能獲得很大的流量和曝光。天津海昌極地海洋公園的品牌知名度隨着短視頻的走紅，傳播覆蓋區域不僅僅局限於京津冀地區，愈來愈多的全國各地的遊客在視頻傳播後，慕名前來參觀遊覽，為海洋館帶來了更多的紅利收入和知名度。

各地海昌海洋公園也都在培養自己的網紅馴養師，比如，大連海昌極地海洋公園的明星馴養師「極地上神」（快手號：D-Beluga），在快手上的粉絲也超過了 96 萬，這些「網紅員工」已經成為廣大馴養師眼中的明星。

成就每一個「員工號」，也能成就企業品牌

員工的短視頻賬號畢竟與企業賬號不同，對於如何激勵員工主動持續傳播企業品牌，如何管理企業和員工自營新媒體的關係，天

津海昌極地海洋公園也是摸着石頭過河。

劉青青介紹，天津海昌極地海洋公園分享的經驗是，發揮員工拍攝視頻的主動性，由營銷部門對旗下員工拍攝的內容策劃和創意進行支持。

舉個例子，營銷部門曾指導馴養師拍攝白鯨視頻，他們會幫馴養師挖掘與白鯨互動的各種「趣點」，討論怎麼拍一條精美的視頻……成就每一個「員工號」，也能成就企業品牌，員工代言會幫助企業品牌傳播發揮最大的影響力。

為了鼓勵更多員工在短視頻平台上為企業代言，劉青青介紹，天津海昌極地海洋公園對拍攝短視頻和直播的馴養師，粉絲數量達到 1 萬以上的，都會給予獎金支持。

員工自營的短視頻媒體矩陣一旦形成，公司就可以對傳播內容進行規劃整合。2019 年，天津海昌極地海洋公園開始進一步整合現有員工自營新媒體資源，引導旗下員工的視頻要立足於公司的極地海洋動物資源，傳播更多具備專業性和可看性的科普知識。此前，天津海昌極地海洋公園通過員工賬號直播新出生的阿德利企鵝「久寶」的下水禮，以及對小海豚出生的視頻進行發佈，都獲得了廣泛的傳播和關注，這些都是公司整體新媒體推廣和品牌化傳播的一部分。

海昌海洋公園的營銷部門還計劃，通過員工短視頻賬號經營熱愛海洋動物的穩定粉絲羣。包括策劃發起以短視頻作品和個人馴養故事為內容的各類競賽活動，為網紅員工組織粉絲見面會，通過贈送門票和禮品等方式，增強喜愛海洋動物的粉絲羣體的參與和互動。

與此同時，公司也將對員工的短視頻賬號進行規範管理，比如限制接商業化廣告，要求離職後仍在本行業工作的員工不得再用此賬號等，這些規定不可避免地會影響員工經營賬號的收入和積極性，但劉青青與馴養師溝通後發現，短視頻讓「網紅員工」從幕後走到前台，以及公司激勵給馴養師帶來的「榮譽感」和「成就感」遠遠比物質回報更重要。

因此，企業利用「員工號」進行營銷，激勵員工拍攝短視頻，贏得粉絲注意力只是第一步，內容長期經營和粉絲轉化才是關鍵，而如何有效平衡員工自營新媒體和企業營銷的關係，也是不可忽視的一個課題。

相較而言，小米和各地直供店員工快手號的關係就更為鬆散。目前小米之家及小米直供已達到數萬家，並不斷刷新開店速度以佔領市場。那些員工中的相當一部分都開設了快手號，這對直供店的銷售非常有好處，同時也提升了小米的品牌形象和產品在大眾中的認知廣度。

每一個直供店員工的快手號都是在宣揚小米的產品與品牌，這是小米公司所樂見的。

海昌海洋公園需要通過各種制度建設，擺正公司與員工在快手號上的關係。在小米，這個問題就相對簡單多了。小米直供店員工有動力去開設快手號，他們與小米之間是天然的共贏關係。

快手平台的賦能，讓小米成功地把新零售概念通過「線上＋線下」的方式結合到一起，線下渠道大量鋪貨，線上同步新營銷，促進小米產品的銷量不斷攀升。

近年來，隨着一二線城市電子產品市場趨於飽和，小米便將目標客羣向三四線城市下沉，以獲取新的目標市場。小米線下店——小米之家及小米直供店已隨處可見。小米在線下遍地開花的同時，在快手上也悄然湧現了數千個小米直供賬號。相較於其他平台線上流量獲取成本愈來愈高，快手提供的低成本轉化，讓小米分銷商高興不已。小米的新零售戰略勢如破竹，上至地級市下至小縣城無不滲透。

用戶在哪裏，公司的營銷就在哪裏。不獨小米和海昌海洋公園意識到這一點。毋寧說，這是市場經濟下企業發展的金科玉律。快手上有數億用戶的基數，他們熱情擁抱短視頻與直播，這給無數企業帶來了利好。

有多少個企業，就有多少種不同的快手號定位。新玩法不斷湧現，在海昌和小米之後，愈來愈多的企業開始重構與員工的關係，讓快手號營運成為公司的必殺技。

第六章

快手扶貧：看見每一個鄉村

本章概述

互聯網為每個人搭建了一條信息的高速公路。快手「短視頻 + 直播」的方式降低了記錄和分享的門檻，貧困地區的老百姓只要擁有智能手機，會用快手，就可以看到互聯網呈現出來的廣袤世界，開闊思維和視野，還可以記錄和分享鄉村生活、美食和美景。

只要鄉村被看見，就能產生連接，只要產生連接，就能誕生無數可能性。通過快手，貧困地區與外界連接起來，不經意間，帶來個人和鄉村的神奇成長：袁桂花成了一名創業者，她正在打造血藤果園、客棧，帶領村裏人致富；蔣金春動員村民一起採集茶葉並銷售甜茶、葛根粉、筍乾；吳玉聖找到侗家七仙女，共同傳播侗族文化，帶動當地侗布、侗族刺繡的銷售，帶領全村脱貧。

有意思的是，這些鄉村的脱貧路徑各有不同。它不是任何一個扶貧機構事先的設計，它是鄉村用戶和粉絲千百次互動後自然迭代出來的最佳方案。這樣的方案更精準，也更有生命力。

本章案例

愛笑的雪莉：推廣世外桃源的留守青年

侗家七仙女：用視頻連通古老侗寨與現代文明

山村裏的味道：快手「魯智深」，山中扶貧王

中國瑜伽第一村：快手讓世界直接「看見」玉狗梁神話

快手扶貧：看見每一個鄉村

宋婷婷　快手科技副總裁、快手扶貧辦公室主任

高考失利後，18 歲的貴州姑娘袁桂花回到大山深處，務農養家。放牛途中，她用手機隨手拍了一段視頻上傳到快手，居然被外界關注，迄今已積累幾百萬粉絲，她的命運因此有了轉機。桂花在快手上叫雪莉，通過短視頻和直播，她讓全國的老鐵看到了美麗的鄉村、優質的特產。她幫鄉親們賣出了 200 多萬元的土特產。如今，她辦血藤果園，建民宿客棧，帶領鄉親們脫貧致富。

在快手上，像雪莉這樣的人還有很多。他們世代居住在偏僻貧困的山村，通過快手展示鄉村美景、美食、民俗風情。他們發現，自己的生活原來也值得分享，有很多人對鄉村的世界感興趣。這些鄉村進入了人們的視野，命運也因此改變。

我們可以驚喜地看到，快手逐漸融入了貧困縣老百姓日常勞作中，成為他們實現美好生活需要的「新農具」。

貧困地區老百姓的「新農具」

當今時代最顯著的特徵，就是互聯網的快速發展。互聯網給人們的生產生活方式帶來了巨大的改變。一二線城市的人們率先掌握

了它，電商、外賣、網約車……種種新事物層出不窮。生活在邊遠貧困地區的人們，因為客觀條件的限制，接觸新事物稍稍慢了一些。

說到貧困地區，多數人會認為，貧困是因其位置閉塞且缺乏資源。其實，科技進步讓物理距離不再重要，貧困地區在國家不斷地投入下也有了完備的基礎設施。這些地區隱藏着無數的文旅、特產乃至非遺資源，卻因為老百姓「頭腦裏的距離」，無法展現在人們面前。

正如習總書記的指示，擺脫貧困首要意義並不是物質上的脫貧，而是在於擺脫意識和思路的貧困。我們認為，扶貧應該是讓貧困地區也享受到社會發展的紅利，讓處於中國國土神經末梢的人們看到不同的生活方式，對美好生活有自發需要，能夠努力應用和掌握新技術，從而來改善生活。

這就是快手扶貧的初心。

互聯網為每個人搭建了一條信息的高速公路。快手「短視頻 + 直播」的方式降低了記錄和分享的門檻，貧困地區的老百姓只要會用快手，就可以看到互聯網呈現出來的廣袤世界，開闊思維和視野，還可以記錄和分享鄉村生活、美食和美景。

我們統計過，到 2018 年底，832 個國家級貧困縣中，每五個人就有一個是快手活躍用戶。貧困地區發佈的視頻總量超過 11 億條，播放量超過 6,000 億次，點讚量超過 247 億次。

扶貧對於快手來說不是額外要去做的事情，而是與自身業務發展息息相關的。2018 年在快手平台上有 1,600 萬人獲得收益，其中 340 萬人來自貧困地區。快手平台的生態推動我們順其自然地開展扶貧。所以，快手被譽為是「有扶貧內生驅動力」的平台，成為貧困羣眾獲得收益、改善生活的「新農具」。

快手扶貧的工作就是讓這個「新農具」更好用。這得益於國家在互聯網領域長期持續的基礎設施建設，也是快手一直堅守的使命，是快手遵循普惠價值觀的體現。快手希望用有溫度的科技提升每一個人獨特的幸福感。在使命的驅動下，快手憑藉「算法向善」的技術能力，貧困地區鄉村用戶即便粉絲不多，只要內容夠好，就會被很多人看見。

只要鄉村被看見，就能產生連接，只要產生連接，就能誕生無數可能性。

流量支撐良好的扶貧生態

通過快手，貧困地區與外界連接起來，不經意間，帶來個人和鄉村的神奇成長：袁桂花成了一名創業者，她正在打造血藤果園、客棧，帶領村裏人致富；蔣金春動員村民一起採集茶葉並銷售甜茶、葛根粉、筍乾；吳玉聖找到侗家七仙女，共同傳播侗族文化，帶動當地侗布、侗族刺繡的銷售，帶領全村脫貧。

有意思的是，這些鄉村的脫貧路徑各有不同。它不是任何一個扶貧機構事先的設計，它是鄉村用戶和粉絲千百次互動後自然迭代出來的最佳方案。這樣的方案更精準，也更有生命力。

快手為了繼續發揮優勢，更好地履行一家互聯網企業的社會責任，成立了專門的扶貧工作辦公室。2018 年，快手宣佈啟動幸福鄉村「5 億流量計劃」，投入價值 5 億元的流量資源，給予國家級貧困縣一定的流量傾斜，專門助力推廣和銷售當地特產。

在流量支持下，許多貧困地區的山貨取得了驚人的銷量。比如，四川「愛媛橙」以果肉軟且多汁聞名，很多種植「愛媛橙」的農戶便在快手上發佈「徒手榨橙汁」的視頻，獲得了很多關注，用戶紛紛在視頻下留言購買。僅 2018 年一年，「愛媛橙」在快手平台的銷售規模就達到 4,000 萬斤，銷售額約為 1.57 億元，幫助無數家庭改善了生活。

不僅僅是這些，快手獨特的流量扶貧模式，是以教育扶貧為核心、以電商扶貧為重要手段、以打造貧困地區區域品牌為補充途徑，並動員社會廣泛力量的精準扶貧模式。

首先是教育扶貧，扶貧必扶智，快手平台本身就有很多適合鄉村的農技、農服視頻，可以供鄉村用戶學習。快手還與貧困縣合作開展「快手大學」項目，培訓當地羣眾學會使用互聯網，掌握短視頻工具，打破閉塞的信息通道。「快手大學」已在廣東、內蒙古、山西等地開展培訓，培育了超過 2,000 名優質鄉村短視頻生產者，帶動了貧困地區社交電商的發展。

2018 年，快手發佈了「幸福鄉村戰略」。其中一個核心版塊是「幸福鄉村帶頭人計劃」，即在全國支持 100 位鄉村快手用戶在當地創業。迄今，該項目已覆蓋全國 10 個省的 21 個縣市區，培育出 25 家鄉鎮企業和農民專業合作社，發掘和培養了 43 位鄉村創業者，提供了超過 120 個當地就業崗位，累計帶動超過 1,000 戶貧困戶增收。

其次是電商扶貧，快手社區「老鐵經濟」讓鄉村地區銷售農產品的老鐵們不只是個售貨員，還是一個懂行、樸實的帶貨達人。快手以「福苗計劃」動員全站電商達人、MCN 機構、服務商等有經驗、有意願的用戶，幫助貧困地區的老鐵推廣、銷售產品。目前，該計劃已幫助全國近 80 個貧困地區銷售山貨，直接帶動近 18 萬建檔立卡貧困人口增收。

最後，快手除了點對點式地幫扶每一個貧困村落，還注重整體性的地區合作。快手啟動「打開快手，發現美麗中國」項目，利用流量支持，攜手貧困縣地方政府，讓互聯網技術賦能地區和個人，努力改變城市與鄉村、地區與地區之間的發展不平衡狀況。目前，快手與內蒙古錫林郭勒盟、雲南永勝、湖南張家界等地達成了區域扶貧合作。

影響和動員社會更廣泛的力量

利用技術力量和普惠理念，快手在打造一條扶貧新路徑，這些系統性開展的扶貧項目，其重點就是「授人以漁」——以短視頻、直播作為鄉村扶貧的信息普惠工具，賦能鄉村農人，推動社交電商、信息推廣，系統性激發貧困地區扶貧內生動力，實現「造血式扶貧」，讓每一個鄉村被看見。

在脫貧攻堅這場全社會參與的戰役中，還湧現出了無數好故事、好方法和典型人物，短視頻是承載和宣傳這些經驗和做法的最好的方式之一。例如，四川阿壩州貧困村的扶貧第一書記張飛，他將餐桌搬到了海拔 3,200 多米的雲端深處。風景如畫的雲端讓張飛的視頻點擊量超千萬，他的家還被稱為「雲端餐廳」。張飛也正在通過快手展現鄉村美景，吸引遊客前來並帶動農副產品銷售，幫助村民增收。

未來，快手將繼續與社會各界廣泛合作，開展扶貧宣傳活動，以自帶的社交屬性、新穎的短視頻形式，影響和動員社會更多力量參與其中，助力脫貧攻堅。

愛笑的雪莉：
推廣世外桃源的留守青年

貴州山區愛笑的姑娘袁桂花，為自己取了一個探險小說女主角的名字——雪莉，幾年前，她開始在快手上分享山村生活的日常點滴。通過她的視頻，人們可以看到這個「女漢子」的日常，肩扛竹子釀竹酒、下稻田裏挖泥鰍、放牛、爬樹，同時，也看到了大山深處讓人嚮往的美景、美食和生活方式。

如今，愈來愈多人通過雪莉的快手賬號了解到，在我國貴州省的黔東南苗族侗族自治州，竟然還有如此美麗且極富原始風情的世外桃源。雪莉也通過快手這一平台將自己家鄉的特產推銷出去，接下來，她還想帶領鄉親們幹一番大事業。

小檔案

快手名字：愛笑的雪莉吖
快手號：yuanguihua
籍貫：貴州黔東南苗族侗族自治州
年齡：20 歲
學歷：高中
快手主題：山村風情、美食、土特產
快手拍攝風格：展示山村的真實勞作、生活場景 + 直播互動
對快手老鐵的寄語：陽光總在風雨後，要相信有彩虹
商業模式：通過直播渠道幫助老鄉賣家鄉土特產，宣傳家鄉、吸引遊客

講述人：袁桂花

我的 18 歲

我叫袁桂花，1998 年出生於貴州省黔東南苗族侗族自治州天柱縣一個木板房裏。天柱縣是貧困縣，到我家所在的村子，需要從最近的高鐵站下車，坐上兩個多小時的中巴車先到縣城，再開車半個多小時進山。

以前我們這裏還是泥巴路，從家到學校要一個多小時，只能走路，沒有其他交通方式，下午放學了再走一個多小時回家。現在，我給自己買了一輛「小電驢」，花十幾分鐘就可以到家了。

我在快手上叫「愛笑的雪莉吖」，雪莉是我最喜歡的探險小說裏的女主角，我覺得她特別勇敢。我經常向別人介紹自己是來自大山深處的「女漢子」。大家可以在快手上看到很多我日常勞動的場景，放牛、做木工、做竹編、種地、挑擔，很多人覺得很驚訝，我看起來瘦小，力氣竟然這麼大。

我的童年是在爺爺家度過的。從小，爺爺教我用竹子編背簍、做筷子和做掃把。奶奶帶着我打木薑子，拿到縣裏的菜市場去賣。有時，我還會在菜市場找一份分辣椒的工作，5 分 1 斤，半天能賺 30 元。跟大人一起勞動，讓我從小就掌握了很多技能。

我的 18 歲和很多人的 18 歲不一樣。那年我高考考了 427 分，我對分數不滿意，所以一所學校也沒填報。父母想讓我復讀，我拒絕了，因為家裏供不起。

我有一個哥哥，哥哥身體不好，還有一個姐姐，姐姐有小兒麻痺症，父母養大我們三個人很不容易。在我們村子，不上大學，那就只有去打工了，我卻不想出去打工。2015 年，我接觸到快手，2016 年，我正式註冊了快手賬號，我想，我是不是也可以利用快手做點甚麼。

一開始我其實挺自卑的，我是一個大山裏的姑娘，人家都會唱歌跳舞表演才藝，但我甚麼都不會。後來我想了想，我也有一些東西可以和大家分享，那就是我們大山裏的生活樂趣。

我試着上傳了第一個視頻。我記得那天是父親節，我們這裏還是泥巴路（現在已經是水泥路了），我跟父親一起趕着牛走在路上，我隨手拍了一個視頻，沒想到，臨睡前我發現視頻的點擊量居然有 50 多萬次。我特別興奮，不停地給家裏人看。這也給了我很大的鼓勵，原來我的生活也是值得分享的，原來很多人對大山裏的生活很感興趣。

我又陸續分享了很多生活日常，比如，幫爸爸幹活的時候，我可以扛起 200 斤的大木頭。分享了這些視頻後，我的粉絲也在慢慢增長。有人留言說，懷念小時候了，也有人說，很嚮往這裏淳樸的生活，還有人感歎，貴州大山裏還有這樣世外桃源般的美麗景色。

一開始我只是拍着玩，沒想過怎麼利用快手掙錢。

因為我的視頻裏總是出現山裏的美食、特產，很多人就問能不能賣給他們。一開始我還不好意思，就說你們要是喜歡，我可以送你一點，但是不收錢。後來幾百個人、幾千個人要，我就送不起了，既然大家真的很喜歡我家鄉的特產，我為甚麼不試着賣賣特產呢，還能幫助家裏增加收入。

我的粉絲從幾十萬漲到一兩百萬，再到兩三百萬，愈來愈多的人想要買我家的特產，我們自己做不過來，就找鄰居家的爺爺奶奶幫忙做。年輕人都在外面打工，或者在縣城裏上班，老人們沒事可做，但會做特產，我就去他們家拿。當然，我必須對質量把關，再賣給粉絲們。這樣親戚好友們賺點零花錢，外面的朋友們也能吃到我家鄉的美食。

就這樣，我們習以為常的臘肉、霉豆腐、野生小乾魚、竹筍乾、蕨菜、米酒等土特產被賣到了全國各地。我特別開心，因為我自己有了收入，加上直播的打賞，我家的條件愈來愈好，村民也有了收入。用這種打破傳統的方式，在網絡上幫着大家一起掙錢，我覺得特別開心也特別幸運。

第一次創業「失敗」，快手雪中送炭

不出去打工，在家裏做直播，起初我的父母並不是特別理解，覺得我整天不務正業。我就慢慢給他們做思想工作，直到後來，我賣土特產賺了一些錢，給家中修了豬圈和魚塘，也算做出了一些成績，家裏人就開始支持我了。現在，我的嫂子也加入了快手，她的粉絲一個月就漲到了 4 萬，雖然只有 4 萬，但她一個月也能賣 5 萬元左右的土特產。

我每天做 1~2 場直播，每次大約一小時，有時在家門口，有時在大山裏，有時在集市上，我一邊賣農產品一邊直播。通過直播展示我們的風土人情，展示土特產和美食的製作過程，有很多人看了直播會購買我們的特產。

通過在快手銷售特產，我們一家的收入從一年兩三萬提升到 20 多萬，我一人便承擔起了除姐姐一家三口外全家剩餘十一口人的生計。

但我還不滿足，在快手遇到這麼好的機會，我又有幸在上面佔了一個小角落，我還想帶着村民一起幹一番大事業，真正把創業這件事做起來。

我們山裏有一種果子叫血藤果，也叫「惡魔果實」、「布福娜」，苗語意為「美容長壽之果」，這種野果不僅可以吃，還有藥用價值，營養價值高，但是產量稀少，只有在我們山村裏很高的山上才有，有時候找幾里地都找不到。我爺爺喜歡去山裏找野果，弄回家來，看能不能種活。

我覺得這個東西這麼奇怪，沒人吃過，但好多人都感興趣，市場應該特別大，我就想和村民們一起做一個血藤果的果園，把它產業化。我之前有賣貨的經歷，也幫村民們賣了很多貨，他們對我很信任，於是 33 戶村民跟我一起成立了合作社，種了 60 畝血藤果。

我想，如果血藤果生意成功了，合作社將獲得 45 萬元左右的收入。老鄉們可以一起提高收入、脫貧致富。我們村還可能成為血藤果之村。說幹就幹，但是創業過程總有意想不到的困難。

以前，我們從來沒有人工種植過血藤果。授粉、去蟲等問題，需要一步步攻破。我們的血藤果產量並不高，但質量可靠。2018 年我開始嘗試賣果，在果園直播了一小時就賣了 1,000 單。但我沒想到，快遞還是出了問題，最後全賠了。

之前我跟姐夫討論過這個問題，自己做試驗，把果子包在快遞盒裏，放了一星期沒有壞。摘果的時候，還不敢摘太熟的。包裝的時候，用報紙、泡沫，像雞蛋殼一樣把果子隔起來，到頭來還是壞了很多。即使別人買了三個壞了兩個，我也把錢退給他們，剩下一個算是送給他們的。這件事對我打擊很大，我很自責、很難過，覺得自己第一次創業就失敗了，對不起鄉親們。

就在我感覺很挫敗的時候，2018 年 9 月，我收到一份特別的「錄取通知書」，是來自快手「幸福鄉村創業學院」的入學培訓邀請，這是我第一次去北京和其他哥哥姐姐們一起學習，以前我去過最遠的地方是離我們縣城不到 200 公里的凱里。

在北京，我學到了很多幹貨內容，包括怎麼跟人打交道、怎麼做產品的市場分析、怎麼發貨、怎麼算清一年到底賺了多少錢等。更重要的是，很多來講課的創業成功者告訴我們，他們都經歷過很多次挫折，曾經虧到身上一分錢都沒有。那時候，我感覺我至少沒虧太多，沒必要這麼沮喪，於是打了雞血一樣回了家。

打造世外桃源，迎接外面的朋友

現在我又有了新的想法。我的家鄉有很高的山，有很美麗的景色，貴州山美水美人情美，很多粉絲想來我家玩。

2017 年夏天就曾有四個年輕人從黑龍江省開車過來找我。我帶着他們去爬山，中途有人中暑，大家每走幾分鐘就要休息一下。他們平時不太運動，山裏的生活正好能讓他們鍛煉鍛煉。

還有個姐姐帶着兒子來體驗生活。她兒子從小甚麼都不缺，很叛逆，她就想帶他來看看農村的生活。第一天我們體驗種菜，用鋤頭鬆土，鋤到一半他的手就起泡了。我又帶他打野菜，摘水芹菜，結果他一踩進泥裏腳就拔不出來了，後來又摔下了田坎，我就跳下去拉他。當時他的腿刮傷了，看起來有點可憐。他說以後再也不來了。但是一個星期後要離開的時候，他自己種的白菜、蘿蔔長出來了，他很激動，還拍照留念。

一位服裝店女老闆一路上覺得風景優美，也說希望以後可以在山裏蓋棟房子，帶着家人在這裏生活。

這些都讓我更有信心，我想讓更多朋友來體驗我家鄉的生活，我家有很多水果，有甜瓜、西瓜、白瓜等，我希望能夠接待更多城市裏的哥哥姐姐們來我家做客，一起吃我家種的小白菜、摘的小野果，還有我家自己養的魚。

於是我開始自己動手建客棧，爸爸媽媽和村裏的村民也都來幫我。我從小接觸木匠，很想親手建一棟房子，這棟房子的一切，我都會動手參與。我會自己去找木材做桌椅板櫈，這樣才更有意思。

在快手上，老鐵們看到我的小房子一天天建起來，都覺得很有意思。現在，這個客棧有了 12 個房間，但廁所、淋浴還沒有，基礎設施還得慢慢來，弄好了我再接待大家。

未來：將創業進行到底

雖然我沒有走出大山，但是通過快手和很多人相識，我感覺自己的人生變得更豐富多彩了。我開始自學吉他，嘗試在快手上發了兩首歌，還買了便宜的顏料畫畫。曾經我沒有條件追求的事情，現在也都有機會嘗試了。更重要的是，我要把創業進行到底。

通過快手，我幫家裏和老鄉們賣出了 200 多萬元的土特產。接下來，我在想如何把土特產做成品牌。雖然我們的東西是純手工的，生產過程也很注意衛生，但是不管在甚麼平台上銷售，都需要資質，大家才能買得更放心。所以，我現在需要解決生產許可和流通許可的問題。

血藤果園也在堅持營運中，快遞問題到現在還沒有妥善解決，所以線上暫時沒有銷售，但線下有很多人來買。愈來愈多的人發現了血藤果的好處：血藤果不僅很稀有，附加值也挺高，可以整個買回去當盆栽，血藤果的葉子特別好看，果子可以補血，葉子還可以當面膜，我們自己還做了實驗，敷在臉上滑滑涼涼的，很舒服。我希望未來能解決血藤果的量產和快遞問題，讓種植管理規範化，甚至為血藤果建立音視頻的檔案。

盛夏的一場陣雨過後，天上掛着彩虹，我坐在池塘邊的竹棚台階上，抱着吉他，那一刻我覺得一切都很美好。隨後，我發了一條快手視頻，「陽光總在風雨後，要相信有彩虹。看見彩虹，祝大家好運」。

侗家七仙女：
用視頻連通古老侗寨與現代文明

「浪漫侗家七仙女」來自貴州省一個地處偏遠、交通不便的深度貧困山村——蓋寶村。

2018 年起，扶貧第一書記吳玉聖打造「浪漫侗家七仙女」賬號，通過快手短視頻和直播，向外界介紹侗寨古老而有特色的傳統文化，吸引網友和媒體關注，賬號現在已經擁有了 26 萬粉絲。通過網絡幫助村民售賣土特產、服飾等，2018 年底蓋寶村已經全面脫貧。

蓋寶村期望未來能與更多少數民族進行文化交流，共同助力鄉村振興。

小檔案

快手名字：浪漫侗家七仙女

快手號：langmannvshen

籍貫：貴州黎平

年齡：32 歲

學歷：本科

快手主題：少數民族傳統文化

快手拍攝風格：拍攝侗家女孩的生活日常與侗族傳統習俗 + 直播

對快手老鐵的寄語：傳統文化是傳統和現代的結合，我們要繼承、發揚和創新，創新一定不能把原來文化的根給丟了

商業模式：「浪漫侗家七仙女」作為形象大使，宣傳侗族特色的風景和人文，通過宣傳實現產銷對接，幫助當地村民通過網絡售賣土特產、刺繡等特色產品，開發旅遊資源，帶動經濟發展

講述人：吳玉聖

我叫吳玉聖，是貴州省黎平縣蓋寶村的扶貧第一書記。我另外的身份是一名「非典型」的快手主播，我是快手賬號「浪漫侗家七仙女」背後的營運者。

最初接觸快手，我是把短視頻作為工作之餘的消遣的，我完全沒有想到，快手會變成我現在工作的重心。從 2018 年開始，快手已經成了我們蓋寶村與外部連通、實現脫貧致富的「大本營」。

「不務正業」的扶貧書記

2018 年 2 月 14 日，農曆新年的前一天，我第一次到蓋寶村。那時我剛剛接到調令，到這裏擔任扶貧第一書記。

從黎平縣城過來有 100 多公里，需要四個小時。我對蓋寶村最初的印象是，交通不便、生活物資極度欠缺和經濟發展程度很差；

但又因為與世隔絕，它完整地保留了侗族當地很原始、很古老的文化，加上風景之美，像是來到世外桃源。

從外來遊客的角度看，這是個很古老、很美的侗寨，但是真正到民眾家裏，才能看到他們生活的艱難。幾年前還有家庭在用煤油燈，在家裏想要找到一兩元零錢都很難。

這麼美的地方卻這麼窮，我當時心裏一酸。

春節之後，我正式到蓋寶村上任，年輕人基本都外出打工了，只剩下放寒假的大學生在家。我組織了一個調研隊，花了一個月的時間，走訪了村裏每一戶，做了詳細的調研。

調研之後，我發現我的工作更難了。這裏想要通過多種幾棵樹、多養幾頭豬來脫貧致富幾乎不可能，反而是侗家擁有的豐富的民族文化、世界級非物質文化遺產「侗族大歌」，以及國家級非物質文化遺產「侗族琵琶歌」、「侗戲」、「蠟染」等很多傳統手藝和「與世隔絕」、宛如仙境一樣的風景給我留下了深刻印象——這些才是蓋寶村真正的寶貝。

我以前玩快手，看到上面有很多農村題材的視頻，突然想到可以利用快手短視頻來宣傳侗族文化、發展旅遊產業，於是，我很快向村幹部提出這個想法，打算集資來幹。

想法提出的時候，大家都反對——他們是連智能手機都不用的人，哪裏會知道快手。

但我有把握，因為我看到我們有這麼與眾不同的文化，宣傳出去肯定會得到大家的喜歡。

集資失敗，我用風險擔保的方式，承諾只要村裏願意啟動營運快手賬戶，投資虧損的錢由我個人承擔。就這樣「借」出村裏的資金，買了適合拍攝視頻的手機、三腳架，開始在村裏到處拍視頻，發到快手上。

做了一個多月，賬號只增加了 1,000 多個粉絲。當時村裏人就指指點點說，這個第一書記天天不務正業，在那裏玩手機，家人也反對，幹部也反對，同事也反對，就沒幾個人支持的。

那段時間我壓力特別大，但我基本不解釋。解釋、爭論也沒用，我只有自己先堅持住。

「七仙女」打開新局面

有一天晚上，房屋外面有人彈唱很好聽的琵琶歌，我聽得入了神。平時侗族的琵琶歌都是很多人一起彈唱，那天晚上夜深人靜，只有一個人彈唱，聽着特別美，又透着淡淡的憂傷。

第二天我問村裏人：「這歌挺好聽的，是從哪裏來的？」他們也說不上來，村裏老人只給我講了一個傳說：很久以前，侗寨的人不會彈琵琶歌，是天庭的七仙女下凡到蓋寶河洗澡，把仙歌的餘音留在了河裏，侗族姑娘喝了蓋寶河的水，都會彈唱琵琶歌了，慢慢琵琶歌傳遍了整個侗寨。

這個故事太美了！那段時間我一直在想宣傳的事，晚上的歌聲加上這個故事，讓我一下子有靈感了：難怪侗寨的姑娘這麼漂亮，都是「七仙女下凡」來的。我立刻下定決心，要找到侗寨的「七仙女」，作為宣傳形象大使，來介紹侗族文化和浪漫的侗寨生活。

新的賬號名字很快確定下來，就叫「浪漫侗家七仙女」（以下簡稱「七仙女」），完全從我們侗族神話故事當中來。

接着我開始物色「七仙女」的人選，沒想到執行起來比我想像的困難多了。「七仙女」中的大姐楊豔嬌是在琵琶歌隊練歌時被我發現的，成功邀請到她之後，第二位仙女找了一個月都沒有找到。

最大的難題是村裏人，特別是村裏老人觀念很保守，非常反對，說搞宣傳發一些照片就行了，為甚麼要找七位姑娘。老人一反對，年輕人就不敢做了。

五妹吳夢霞和六妹吳蘭欣都是我在快手上發現的，她們自己也在快手上發短視頻玩，我跟她們聯繫，給她們講，通過「七仙女」宣傳家鄉文化，可以帶動農產品銷售，也能讓她們更受網友歡迎，可以把這當成一份事業來做。當時我甚至還被五妹家裏人當成了傳銷的騙子，拒絕了好幾次。六妹吳蘭欣是背着父母辭掉了在藝術團表演的工作加入的，家裏人非常反對，所以她每天都要安撫父母。

邀請到一兩個女孩之後，「七仙女」的作品開始上快手熱門了。有一次，外面打工的年輕人打電話回家，開心地跟家裏老人說：「我在網上看到蓋寶村了，看到了『侗家七仙女』的宣傳視頻。」

雖然老人不知道快手，但是年輕人從外面傳回來的消息影響力很大。那時，村裏人才認識到這是好事，大家的態度慢慢有了轉變，七姐妹也陸續到位。

一兩個月後，賬號粉絲漲到兩三萬，也有了穩定的直播收入，粉絲會問視頻裏的醃魚、醃肉能不能賣，少數民族服飾能不能賣。

很快，媒體也開始關注我們，五妹上了湖南衛視的《快樂大本營》，「七仙女」被邀請上央視 2019 年的《相聚中國節》端午特別節目，一些電視台、各類媒體競相報道。每次村裏的父老鄉親都把相關報道轉發到朋友圈，全都自豪地說：「這是我們『七仙女』！」看到大家的反應，我才覺得，「哇！大家終於認可了」。

現在我每天主要的工作是走訪羣眾、處理村裏的事務、開會，每天下午跟着「七仙女」拍兩個小時視頻，村裏的精神面貌也不一樣了，大家都在考慮怎麼發展經濟，打牌的人都少了很多。

我們也把產業發展規劃發給了快手，得到了更多的創業指導和支持。有了很多對外交流和學習的機會，這對打開落後地區的視野非常重要。

對我個人來說，打造「七仙女」的過程，也讓自己有了很多成長。以前我沒拍過視頻，現在開始拍視頻了；以前沒有直播過，現在也會直播了。最大的收穫是，我知道了凡事都該勇於嘗試。在這麼大的壓力之下，我仍然圓滿完成了任務，那麼以後如果人生中遇到困難，我也不會輕易退縮了。

連通古老與現代，連接現在與未來

快手一方面把古老的侗寨介紹給外界，另一方面也成了外出鄉民與家鄉的深厚情感連接。

蓋寶村的年輕人大多外出務工，但他們又愛經常跑回家來。因為侗家的民族文化太根深蒂固了，一過節就要回來，一有鬥牛比賽，他們又想回來，每次來回一兩千元花出去了，又耽誤工作，所以年輕人在外也掙不了多少錢。

我之前不能理解他們怎麼這麼愛鬥牛，來了蓋寶村一年之後，我對每頭牛都有了感情，我自己也成了「牛迷」。

鬥牛節是侗族很大的節日，每個村子都會養「水牛王」，牛王都很威武。2018 年，「七仙女」就在快手上直播鬥牛節，牛王身上蓋着紅綢子，村民都跟在後面一起去鬥牛場，各個村子的人都聚在一起，人山人海，鑼鼓喧天，特別熱鬧。

那次直播，很多粉絲說省了旅遊費，還可以看到這麼壯觀的鬥牛節，村裏的一些年輕人不用回來也可以看到鬥牛了，即使在外打工，也能時時關注着家鄉。

2019 年 7 月央視《焦點訪談》的編導來蓋寶村錄製節目，我們也做了一次直播，很多父老鄉親都來了。在外面的年輕人看到了，他們說：「哇！好想家，謝謝『七仙女』給了外面的人看到我們家鄉的機會，看到我們家鄉變好了，好感動。」

說到快手帶來的變化，經濟效益是一方面，原始戶、貧困戶增加了收入，比如 2018 年秋收兩三個月，通過「七仙女」的宣傳，我們的小黃薑賣到了全國各地，賣了六萬多斤，共收入 30 多萬元。小黃薑是通過村裏的農民專業合作社賣出去的，合作社有 10 多戶貧困戶參加，一下子就提高了他們的收入。

另外我們還售賣一些土特產，售賣醃魚、臘肉、刺繡服飾，還獲得了一些旅遊收入。2018 年底，村裏已經實現全面脫貧。

一些比較困難的農戶，原來家裏沒有電風扇、電飯鍋，現在能夠買一些小的電器；原來吃不起水果的，現在開始買水果了。

一年時間帶來的經濟效益還是有限的，但最重要的是，村民的意識開始覺醒，他們都在主動考慮如何發展。

2019 年 7 月，村裏 1,000 多戶村民自發組織了一個旅遊發展大會，大家都在討論如何發展旅遊業。我們準備把村裏 20 多個景點串聯起來，蓋寶村有三個大瀑布，有霧景，像電視裏的天宮一樣，走到山上去看下面的雲山霧海，特別美。

一些通過「浪漫侗家七仙女」這個賬號知道蓋寶村的粉絲，陸續來了好幾批，重慶的、天津的都有。村民親身感受到快手強大的宣傳能力，因為以前很少有人會從那麼遠的地方專門來蓋寶村。

我明顯感覺到我們的民族自信心正在增強。以前在縣城或者更遠的地方，街上很難看到穿少數民族服飾的，村民們也很少講自己是侗族，總覺得是落後邊遠地方的人，不想讓人知道。

現在不一樣了，「七仙女」走紅之後，民族服飾變成了時尚。走在街上能看到很多年輕人主動穿民族服裝，並以穿少數民族服飾為榮，這是很大的改變。

2018 年我們賣了 4 萬元的侗族服飾，很多人看「七仙女」穿了也想買。

在宣傳少數民族文化的過程中，如何與現代結合也是重要課題，傳統文化既不能丟，又要富有時代氣息。

現在，我的目標是把侗家的風景和人文景觀展現給世人，並開拓較為良性的發展方式，一是要宣傳加產銷對接，二是宣傳之外把產品的規模化、專業化做好，三是發展旅遊。

我們正在做一些農副產品的加工，種植業也在擴大規模，我們還選了侗族的醃魚、臘肉、刺繡這三種產品，試着去做專業化的生產。

讓「七仙女」和蓋寶村走得更遠

習總書記說：「文明因交流而多彩，文明因互鑒而豐富。」他的話給了我很多啟發，我們不能只是強調侗族文化，還要多出去交流。

2018 年 12 月，我們去了榕江縣橋愛村一個非常古老的苗寨，找到幾個苗族姑娘和「七仙女」一起交流、做直播；2019 年我們也邀請過彝族姑娘直播。走出去看看其他民族文化，對比之下，我們才對侗族的特點了解得更加全面。雖然都是侗族，但是每個村子的語言也不完全一樣：有些村子的特色是「侗歌」，有些則是「侗戲」。

在時代發展的大背景下，很多少數民族文化因為人口少、經濟不發達，面臨着傳統消失的風險。但我們有 56 個民族，民族文化多豐富啊，很多傳統當中寶貴的、美好的東西都值得傳承。

我在蓋寶村的任職時間是三年，現在已經過去一年半了，「人才培養」是目前的一大工作重點。但村子裏人才還比較少，怎麼培養本地的年輕人更有遠見、更懂管理，怎麼用好年輕人、培養年輕人、留住年輕人……都是挑戰。

現在我們的青年管理委員會有十五六人了，七個是大學生，還有重點大學畢業生，其中有回鄉的，也有從貴陽慕名而來的。他們的目標是通過「七仙女」的宣傳來帶動農產品的銷售。

我在村子裏組織修建了一個「網紅書院」，所有工作人員、年輕人每天都要進行兩個小時的培訓，我還專門請人對他們進行地理、歷史、民族文化、非遺傳承等各方面的培訓和交流，周邊感興趣的人也都可以來參加。

這個書院不是為了效益，而是為了拓寬大家的視野，它是指向未來的——蓋寶村的發展包括其他貧困地區的發展，最終還是要依靠這些本地的中堅力量。

「浪漫侗家七仙女」在快手上發過一個用大疆無人機噴灑農藥的視頻，那是大疆公司主動找到我們合作的一個廣告，但它有很好的寓意：「七仙女」通過快手把古老的侗寨介紹出去，得到外界的關注和認可；來自外面的現代化的科技，又可以服務於古老的侗寨。

山村裏的味道：
快手「魯智深」，山中扶貧王

江西省衡東縣大山深處，蔣金春在快手上直播村民製作筍乾、甜茶的過程，通過這種方式，他幫助 50 多個村 200 多户的農民把山貨賣到全國各地。

此前，只有初中文化的蔣金春在浙江義烏打拼，為了孩子不當留守兒童而選擇回鄉。他未曾想到，快手不僅幫他實現了個人的創業理想，還幫助了更多人脫貧增收。

小檔案

快手名字：山村裏的味道

快手號：scvd8888

年齡：41 歲

學歷：初中

籍貫：江西省橫峰縣

快手主題：分享家鄉的美景、美食和家鄉樸實農民的生活方式

快手拍攝風格：用「魯智深」形象展示山村美食的製作過程 + 直播互動

對快手老鐵的寄語：我希望以最大的努力幫助更多的貧困農民脫貧增收

商業模式：直播銷售山貨和土特產

講述人：蔣金春

為了女兒不當留守兒童，回鄉在快手創業

我叫蔣金春，為了女兒不當留守兒童，2010 年，我從打工多年的浙江義烏回到江西老家。

之前，我在義烏做了點小生意，賣拉丁裙，回到家鄉後，這裏離義烏市場太遠了，很不方便。但我發現，我們家鄉的土特產蠻多的，我就想利用電商平台銷售農產品，但一直沒有成效，直到遇到快手。

2015 年，我第一次接觸快手，我對老婆說，要不我們去拍快手小視頻試一下？那時我還沒想到幫別人去賣土特產，因為自己都還面臨生存問題。

但是，拍了三個月都沒甚麼起色，我有些灰心了。直到 2016 年 5 月，好多老鐵私訊我說：「你長得蠻像《水滸傳》中的魯智深的，要不你扮演一下魯智深，老鐵們會喜歡看。」

我就網購了一些服裝，自己化妝，試着拍了幾條，還真的上熱門了，有 100 多萬點擊量。我堅持了一兩個月，漸漸有了五六萬粉絲。

那時，我們村的扶貧工作剛剛起步。一個貧困戶挖了些筍乾，我就在直播裏幫他賣賣試試，沒想到，一兩天時間就賣了 100 多斤筍乾，他高興壞了。

45 元一斤包郵，他這一兩天掙的錢相當於過去大半年的收入了。我們山區農民收入不高，一年最多一萬出頭。

後來粉絲愈來愈多，我就放棄了賣拉丁裙的生意，專門拍快手短視頻，分享家鄉的美景、美食、生活方式，賣家鄉的甜茶、山茶油、葛根等土特產。

剛開始我在村裏收貨，十幾戶人家都收遍了，東西還是不夠，我就開始找附近十里八鄉的農民收。後來附近的村民甚至會自己送來貨品，定好多少錢一斤，我給他們現金，自己賺點差價。鄉親們都很高興。

如今，周圍的人已經習慣了，他們每年挖來的葛根、採來的甜茶都會送到我家來。2019 年我已經收了 2,300 斤甜茶，將近 4,000 斤葛根粉，1,000 多斤山茶油。

2,300 斤甜茶是甚麼概念？一戶人家一個月不到，就賺了 9,000 多元，這還只是甜茶一項。

鄉親們給我的東西愈多，我肩上的擔子也就愈重。

2017 年，我賣出了 1,000 多斤甜茶和 700 多斤筍乾。2018 年我賣了 1,500 斤甜茶。2019 年，十里八鄉的農民都知道我收這些，就大量地去採，他們採來我又不好意思不要，就都收了，現在還有 700 多斤各種土特產沒賣完，我每天都在努力直播銷售土特產。

賣土特產幫村民增收

筍乾、甜茶葉、梅乾菜這些不起眼的山貨，在我的粉絲眼中卻成了搶手貨。這幾年，經由我，將近 50 個村的 230 戶人家把農產品賣出了大山，其中還包括幾十戶貧困戶，他們有的一年可以增收 2 萬多元。

說到扶貧我很有感觸，我們這地方是山區，以前太窮了。我 1979 年出生，初中畢業，18 歲就出去打工。之前村裏人都靠砍柴為生，一擔柴火 2 元，一天只能砍兩擔，掙 4 元，一個月 120 元。要麼就放牛，或者偷幾根木頭去賣，就是這樣的生活，非常艱苦。

所以我們村 17 戶到現在還有 6 個光棍沒娶到老婆，沒人敢嫁到我們這個窮山溝裏來。

後來，我們趕上了好時代，20 世紀 90 年代開始，陸陸續續有人出去打工。2001 年，我們村一下子成了空心村，只剩下老人和孩子，其他人都出去打工了，他們會坐綠皮火車到廣東、浙江一帶打工。

我第一次到義烏，找的工作是送快遞，當時 700 元一個月，我太高興了，心想 700 元得砍幾百擔柴火啊！

嘗到打工的甜頭後，大家就很少回家鄉了，問題就來了，村裏就有了大量的留守兒童。我是初中畢業，打工的時候認識了我老婆，我老婆是景德鎮陶瓷大學畢業的，有點文化的人是狠不下心與孩子分離的，這就是我和我老婆選擇回來、努力在家鄉生存下去的原因。

打工之後，村裏人的生活條件慢慢好起來了，但還是有個別貧困戶，我不忍心看他們生活那麼淒苦，就會幫着他們賣山貨。

村子裏的收入來源總體有限。我們是林區，種不了水稻。過去，村民採甜茶、挖葛根、挖筍乾，但也只是採一點自己吃，沒人收、沒人要。也有些人砍木頭賣，但砍木頭對環境不好，後來退耕還林，不能砍木頭了，就要找新的收入來源。

我在外面待過那麼多年，知道我們的山貨、農副產品是很受城裏人歡迎的，關鍵是要有渠道展示和銷售出去。傳統電商不夠直觀，不能真正讓人們對你的東西產生信任和興趣。快手對我來說就是這樣一個極好的平台。

自從我在快手上「紅」了以後，我哥哥和他兒子也回來了，他們以前在杭州打工，看到我賣農產品賣得蠻好，也回來拍快手視頻。附近一個做藥材生意的，還有原來在義烏做服裝生意的村民，回來拍快手視頻都是我教的。

我不專業，但會憑經驗告訴他們怎麼拿手機，拍出來的視頻怎麼才能不晃。

後來，政府也開始關心我。2016 年縣政府的人帶着記者來採訪我，他們說蔣大哥真不容易，幫助這麼多農民賣東西。2017 年，我們縣委書記又給我頒發了一個「最美企業家」的獎。他說蔣大哥回鄉幾年，實打實地幫助了本地百姓增收。

我做這些事，不僅得到了政府的肯定、媒體的支持，還有學者說我的做法既活躍了農村經濟，又富裕了自己。最重要的是，城裏人還可以購買新鮮的原生態特產，可謂一舉多得。

最近我們縣扶貧辦電子商務部門還讓我去講課，分享創業青年的扶貧經驗，我感到很榮幸。

政府協助品牌化營運，幫助家鄉人四季有收入

我在快手上賣農產品，一開始不在意包裝，只是散裝。隨着粉絲愈來愈多，消費者的要求也愈來愈高，有人說我賣的是三無產品，要投訴我。

當地政府和食品衞生監督部門知道我的情況，就跟人家解釋，說這是蔣大哥幫助貧困山區賣葛根粉，這些葛根粉是正宗的，您放心，但他們堅持投訴。

後來縣委書記也知道了我的情況，特意來了我們家兩三次，幫我一起想辦法。從 2019 年開始，我從農民那裏收來的葛根粉統一由政府協調的企業進行專業包裝，包裝好後還要做好溯源記錄，哪裏產的，哪些農民挖的，企業甚麼時候包裝的，標注好生產日期，這樣再賣給老鐵們，大家就更放心了。

這麼多年來我遇到了很多困難，當地政府也確實幫了我很多，這樣我才有底氣，要不然我就會像無頭蒼蠅一樣找不到出路。

包裝的問題解決了，物流也是我們山區的一個問題。因為是山區，快遞公司不肯來，我每天往返三個小時去縣城發貨。發完貨，回到家，再接着幹活，把農民挖的葛根拉回來。僱人我肯定僱不起，收貨也都是自己去。

我很重視品控，畢竟老鐵們信任我。比如甜茶，每個農戶都被要求在曬場上用專門的簸箕晾曬，以前是直接放在地上曬的，不乾淨，如果誰家不用簸箕曬，我一律不收，這是我的原則。

我現在每天都忙忙碌碌的。我們在縣城買了房子陪孩子上學。早上 6 點多起來把早飯做好，送孩子到學校後，我和老婆馬上開一個半小時的車趕到山裏，上午直播，給老鐵們看看我們家鄉的土特

產是怎麼弄出來的，直播一個小時後就開始打包。中午再直播一次，再打包，大概下午 2 點多開始下山發貨。發完貨後就回到縣城，接孩子放學，這就是我一天的工作。我老婆負責做客服，有些人會查件，還有很多人問甜茶怎麼喝，我們就演示給大家看。

我們這裏的山貨是季節性的，春季、清明節前收甜茶，清明節過了十幾天開始挖筍乾、收筍乾；夏天我們就會收南瓜乾、柚子皮醬乾；過了中秋我們山上就有野生獼猴桃、野生栗子；冬天開始挖葛根、收葛根粉。一年四季都有的忙，一年四季都會有收入。

為甚麼我們縣委書記要頒獎給我？因為如果是栽果樹，解決不了眼下的收入問題，它不是一年兩年就可以有收入的事情。我收貨直接把現金給農民，農民很高興，都願意把貨給我。

我們衡東縣，號稱葛都，有挖不完的葛根。過去沒人挖，因為非常累，要到山上去，挖出來扛回來，再倒騰成葛根粉。年輕人你叫他扛個鋤頭上山，他吃不了這苦。現在慢慢葛根粉有了銷路，才有人願意去挖了。

還有筍乾，也是我們現在非常重要的收入來源。我們這裏漫山遍野都是竹子，竹子是沒人要的。十幾二十年前還可以用竹子做晾衣架，現在都用不上了，所以我們這裏的筍乾特別多，都是挖來了筍做成筍乾賣。

很多北方的網友以前沒吃過筍乾，都很喜歡吃，我今年收了 1,000 多斤筍乾全部都賣完了，一斤沒剩。

快手官方扶持，擴大扶貧影響力

我在快手創業，除了當地政府的扶持，快手官方也給了我很多幫助。

快手官方 2018 年發現了我，因為我經常曬些圖片，比如政府頒獎的圖片，被快手看到了。快手有一個公益部門叫「快手行動」，他們組織了一批人到我這裏來考察，確定我是不是真的幫助了這些農民，確定之後他們就更加努力地幫助我宣傳。

之後很多媒體都來報道我。北京衞視《但願人長久》節目組織了幾個明星一起來我的家鄉，拍了一期「喬杉悅悅尋找山村『魯智深』」的節目，宣傳我的家鄉。經過這一宣傳，我們村就更火了，好多慕名來的外地遊客到我們村來玩。在政府的幫助下，一些農民建了民宿，開了農家樂。

緊接着，中央電視台新聞頻道的《新春走基層》欄目、中央電視台財經頻道、江西衞視、中青網、新華社等都對我和我的家鄉進行了報道。2018 年底的烏鎮世界互聯網大會，我的故事還被展示在圖片展裏，作為網絡改變中國農民的故事之一，被更多人甚至互聯網大佬看到了。

不過，我從來不在我的快手視頻裏用明星、名人炒作，我覺得這樣不好。農民就是農民，消費者也是看中你的純樸和原生態。如果我要炒作那就不賣山貨了，做點別的不是更輕鬆嗎？

中國瑜伽第一村：快手讓世界直接「看見」玉狗梁神話

「每個人做事，都可能有兩種結果——一種是笑話，一種是神話。如果半途而廢，只能成為別人眼中的笑話；如果堅持不懈，很可能成為一個為世人仰慕的神話。」這段話來自作家白薇的最新紀實文學作品《玉狗梁神話》。

在許多人眼裏，盧文震曾經是一個笑話。他第一次被關注是因為兩年前的一條新聞——「第一書記帶領扶貧村老人練瑜伽」。那是一個不過百戶人家的國家級貧困村，村書記帶領一羣平均年齡65歲的留守老人練瑜伽，實在不可思議。

盧文震為了説服老人練瑜伽，不僅編了村歌《有一個地方叫玉狗梁》，還開通了村裏的微信公眾號。

誰也沒想到，玉狗梁後來被國家體育總局社會體育指導中心讚譽為「中國瑜伽第一村」，吸引了新華社、人民網、央視財經頻道等媒體眾多記者到村裏採訪。張家口市攝影家協會副主席趙占南用鏡頭跟蹤拍攝了兩年多，她的攝影作品引起了《中國日報》、《南華早報》的關注，並且海外媒體，如美國《紐約時報》、加拿大《環球郵報》、印度《星期天衞報》、《印度斯坦時報》等也紛紛跟進報道。中國駐印度的前任大使、現任中國外交部副部長羅照輝還專門撰寫文章介紹玉狗梁鄉村瑜伽。

農民、瑜伽、老人、脱貧，這幾個關鍵詞組合起來，讓玉狗梁火過一陣。但僅有平面媒體的報道，傳播量有限，難以變現，無法為村民帶來更實際的收入。直到2019年，玉狗梁開通了兩個快手號，村子的曝光度飛速飆升。

不到半年時間，名為「玉狗梁瑜伽老太」(快手號：z15133389889)的賬號就積累了15.6萬粉絲，還上線了一套共七集的初、中級瑜伽課程。課程每套售價19元，已經有638人購買。

玉狗梁的婦聯主任靳秀英，經營着另一個快手賬號「中國瑜伽第一村玉狗梁」(快手號：1045021298)。2019年8月2日，她帶着一羣練瑜伽的老人參加張家口市第三屆旅遊產業發展大會，女兒用手機現場直播，5,000多人在線觀看了老人們現場練瑜伽。

可以説，快手正在改變玉狗梁村民們曾經的貧困生活。

小檔案

村名：玉狗梁

地區：河北張家口

快手主題：老年瑜伽

快手拍攝風格：實景拍攝老年人的瑜伽活動

對快手老鐵的寄語：利用快手讓玉狗梁脱貧

講述人：盧文震

在快手平台，發佈農村生活的賬號不少，但玉狗梁很特別。玉狗梁出現以前，沒有人會把農民、老人、瑜伽和扶貧等詞聯繫在一起。如果不是親眼見到，你很難想像，80 多歲的老人還能靈活自如地扭弄自己的手腳。在村子裏，一羣平均年齡在 70 歲左右的老奶奶頭肘倒立、做一字馬，完全不成問題。她們能輕輕鬆鬆抬起腿把腳盤到腦後，柔韌感讓你忽略年齡，甚至又感覺有些跳戲。

視頻發佈後，有人在直播下留言，詢問這些會瑜伽的老人是否有某種長壽的秘密。有人以為玉狗梁已經有幾十年的瑜伽練習傳統，也有人關心老人們的腿腳健康。

但很多人不知道，這些老人們練瑜伽不過三年。玉狗梁所發生的改變都緣起於三年前的扶貧行動。

玉狗梁的貧窮程度超出了我的想像

2016 年 2 月，元宵節後的第三天，我第一次到玉狗梁，進村時所見景象令人灰心。村中見不到私家車，更沒有小賣部和小飯館。天冷得鑽心，只有中午時分能見到幾位慢悠悠散步曬太陽的老人。

田地被雪覆蓋，即使雪化了也沒有指望。土地乾旱又缺灌溉水源，只能靠天吃飯。這裏十年九旱，一畝地種下，才收 100 來斤糧食，老百姓都不知道怎麼活。年輕人都出去打工了，村裏只留下了一些老人，大部分在 60 歲以上，這些人基本上都走不出去。留守的老人自己在家裏種地，勉強吃飽就行。對他們來講，餐食簡陋已經是一種習慣了。

我從未聽過這個村的名字，只知道是國家級貧困村，需要精準扶貧。但沒想到，這裏貧窮的程度遠超我的想像。

我是石家莊郵電職業技術學院的一名老師，和農民、農業、扶貧幾乎不沾邊。看到這種情況以後，完全不知從何下手。

不許打井，做手工怕被坑，找不到扶貧的辦法

我剛來的第一周天天串門，了解情況，希望聽聽老百姓的想法和呼聲，通過他們了解村子裏都有啥，能夠做啥。

後來通過走訪得知，老人們最渴望打口水井來澆地。他們認為，這裏的土地肥力還是很好的，有了水以後，光靠種地也能脫貧。

雖然這是大家的呼聲，但是這裏打井不符合國家的政策。玉狗梁地區的地下水下降得非常嚴重，新井不允許打，現有的水井還要關一部分。因此，這個願望無法實現。

如果這個願望沒法實現，還有別的啥願望？

村中有些婦女提到可以做手工，比如十字繡之類的。我們就跟批發市場聯繫，再準備找個銷售渠道，簽個包銷協議。

當我們聯繫好批發商的時候，問題來了。有婦女問，簽了協議，完不成人家的訂單是不是得扣錢啊？掙不着幾個錢還得倒扣，不是白忙活嗎？大家視力都不太好，腰、腿也有各種毛病，怕是很難完成協議要求。因此，這個願望也無法實現。

創新老年瑜伽，成就健康扶貧

在走訪調查的過程中，我已經開始關注村民的健康問題，玉狗梁村民「因病致貧」的人數佔總貧困人口的 60% 以上。

我逐漸發現，這裏的人一天有三分之一的時間在炕上，吃飯、看電視、聊天都在炕上。他們坐在炕上，腿腳因為總盤着而變得異常柔韌，盤腿的時候腿特別平。這個細節觸動了我，我靈機一動，不知怎麼就想起了瑜伽的動作。

我告訴村民我的想法，但他們都不知道瑜伽是甚麼。所以我就通過手機搜索瑜伽的視頻、照片，告訴大家這是一種鍛煉身體的方式。

老人們身體都不太好，我就以鍛煉身體的名義組織大家練瑜伽，這是我最初的想法。

後來我發現這裏的人彷彿都有練瑜伽的基因，男女老少稍作訓練，動作就非常標準。70 多歲的老奶奶能盤腿，91 歲的一個小腳老奶奶也可以，而且非常輕鬆。

這是一個新奇點，瑜伽和農民、扶貧扯到一塊兒，誰都會驚訝。而且，瑜伽運動非常適合老年人，如果把握得好，安全隱患幾乎沒有。

「中國瑜伽第一村」橫空出世

從決定組織大家通過練習瑜伽來改變身體健康狀況，到帶領大家從甚麼都不知道、不會做到慢慢開始練習，大家逐漸認可並堅持了下來，中間發生了許多大家可以想像和想像不到的事情，雖然過程很艱難，但這個過程也在不斷地感動着我、激勵着我。

一次，一位留守老人生病好幾天才被鄰居發現送到醫院，這件事情對我觸動很大，覺得老人無論有幾個孩子，孩子怎麼有錢有權有能力和孝順，但不在老人身邊，老人需要幫助的時候，根本就無法指望孩子。由此觸動我寫了一首村歌《有一個地方叫玉狗梁》，沒想到經專業人士演唱錄製後，在玉狗梁村的老人中反響很大，因為村歌裏唱的都是他們自己的事兒，也因此更加提高了老人們練習瑜伽的積極性，從此，大家每天就在村歌的音樂中練習瑜伽，80 歲的老人都能邊唱邊練瑜伽。

因為微信朋友圈一次只能發九張照片，視頻也只能發十幾秒，當時覺得有點遺憾——我發這九個人的照片，那其他人呢？會不會有意見？所以，我乾脆開了個微信公眾號，把村歌傳出去，然後把大家練習瑜伽的照片和視頻也放上去。

現在媒體的發達程度和效率真是超乎我的想像。開了公眾號不到一週時間，我就接到了國家體育總局社會體育指導中心辦公室的電話，因為他們關注到我們公眾號發佈的內容，而且那個時候，國家體育總局正在着手規範全國的瑜伽行業，沒想到在農村已經出現了練習瑜伽的現象，而且還都是老人，還與正在進行的扶貧工作有關係，因此，他們就打電話來了解情況。

我一看是 010 開頭的固定電話，以為是詐騙或廣告，結果是一個聽起來很有禮貌的女士的聲音，一開口就說：「您好，我是國家體育總局社會體育指導中心，您貴姓？」

當時我真的不相信，因為我和體育總局任何人都不認識，和這麼高級別的機構更是八竿子打不着。

我說：「您再說一遍。」她說：「我是國家體育總局社會體育指導中心的工作人員，我姓李。」她向我介紹了她是誰，為甚麼打電話，還說起現在國家體育總局正在做甚麼。這麼解釋之後我就徹底相信了。

掛電話前，她提到，如果將來到張家口考察全民健身或是冬奧會的項目，爭取到村子裏看看這些老人。

就這麼一句話，給了我極大的信心。

於是，我給國家體育總局寫了一個匯報材料，匯報我們駐村以來的工作，包括為甚麼做瑜伽扶貧，怎麼通過組織大家鍛煉身體，解決因病致貧的問題。

2017 年元旦後，各機關單位都在舉辦迎慶黨的十九大的活動，國家體育總局也舉辦了「最美體育人」選拔評選表彰活動，然後面向全國各地徵集典型。

2017 年的 2 月 13 日，之前打電話的國家體育總局李怡青老師就給我打電話，說現在國家體育總局有這樣一個活動，讓我把玉狗梁瑜伽扶貧的事跡寫一個文字材料，再附十張照片，通過國家體育總局的社體指導中心往宣傳司申報。

我那時喜出望外，能夠作為國家體育總局的推廣典型真是求之不得。我趕快寫了材料發過去，那邊改完了以後又給我發回來，中間做了一些修改，用了幾個很美的詞，題目就叫「最美鄉村瑜伽玉狗梁」。正文裏還用了一個說法，叫「中國瑜伽第一村」，這比「最美瑜伽村」震撼力還大，這是一個轉折點。

2017 年 2 月 15 日，文章發佈在國家體育總局社會體育指導中心主管的全國瑜伽推廣委員會的官方微信公眾號「瑜伽大咖」（現已改名為「中國瑜伽官網」）上，新華網、搜狐網等主要的網站都陸續轉載了。2 月 19 日，河北電視台給我們打來電話，邀請我們錄節目。2 月 26 日，我帶了 22 個村民過去，這 22 個村民幾乎沒有坐過火車，他們也是第一次去石家莊，興奮得不得了。

一週以後，節目正式播出，村裏的人都往一塊兒湊，爭相看。他們從來沒想過自己還能出現在電視裏，也不知道自己在電視上是個啥樣。村裏人紛紛給親戚們打電話，別人也覺得新奇。

3 月 19 日，中央電視台財經頻道的記者來了，他們在村裏住了一晚上，採訪了一天半，村民們比過節還高興。

拍攝過程中，記者說這個片子中宣部會看，他覺得這事太有意思了。央視的節目播出是在 2017 年 4 月 29 日，時長達 15 分鐘。當年 9 月，中央電視台播放了迎接黨的十九大的六集專題片《輝煌中國》，第五集叫「共享小康」，講的是人民羣眾的幸福感和獲得感，這一集播了 10 多秒我們村的畫面。現在，村子的影響力愈來愈大，更多的媒體主動來報道。

回鄉小伙無心插柳，瑜伽老太在快手意外走紅

2018 年暑期，有個網紅歌手到玉狗梁做直播，我開始意識到短視頻的傳播力度更大，縣裏一位領導也向我提出了做視頻直播的建議，但我認為當時村裏的條件還不具備，固定的教材還沒有正式形成，要直播，就得做得規範，還要得到瑜伽行業專家的認可，才能拿出去。既然教人家就不能誤人子弟。

結果春節前後，村子裏回來一個小夥子，他原來一直在外打工，做過電商的銷售直播。因為他爺爺奶奶瑜伽練得都不錯，他就用手機拍短視頻上傳到快手上。他把奶奶在農村炕上練瑜伽的短視頻發佈到快手之後，關注者的數量一下子漲起來了。

因為有人關注，他就隔三岔五地拍個視頻上傳。村裏有不少人看後覺得不錯，也一起跟着玩快手。村裏的瑜伽帶頭人也開始拍快

手，一家人都參與進來。

春節回來後，我也關注到快手，經常沒事看一看。後來我也註冊了一個號，跟瑜伽有關係的幾個快手號就這麼誕生了。

我們的內容比較新奇，農民練瑜伽，穿着土裏土氣的衣服，動作卻很柔軟，很有看點。平時因為刮風，村民都戴頭巾，所以，我將頭巾加上玉狗梁瑜伽老人的設計形象，他們只要表演就要戴上頭巾。這就形成了一個標識，旁人看見那個頭巾就知道這是玉狗梁的人、玉狗梁的瑜伽。

2019 年 5 月，村裏接待了一批台灣的遊客，他們都是練瑜伽的。來了之後，我贈給他們每人一條玉狗梁的頭巾，為他們親自戴上，就像藏族同胞為客人獻哈達一樣。這些人來的時候穿的都是白色的瑜伽服，我們村民的衣服是五顏六色的，照片看起來非常漂亮。

進軍快手電商，將扶貧進行到底

2018 年我們以眾籌的方式種了點藜麥，後來有人跟我說，我們不需要用眾籌的方式，秋收的時候找一個網紅直播，就全給銷售出去了。

這件事提醒了我，我們的確可以直播賣貨。如今，玉狗梁村裏開設的快手賬號「中國瑜伽第一村玉狗梁」和「玉狗梁瑜伽老太」都已經產生了經濟效益，在一個月裏，僅鄉村瑜伽直播基礎課程教學就已經賣出 1,000 多套，收益 2 萬多元。我們還在緊鑼密鼓籌備，爭取在秋收之前，多賣幾種農產品，現在計劃售賣的品種，第一個是藜麥，第二個是土豆，第三個是莜麵。

我們還想做直播賣莜麵，比如做莜麵窩窩、莜麵魚之類的食品，拍整個做飯的過程。莜麵確實是個好東西，適合糖尿病患者吃。我們玉狗梁村基本沒有糖尿病人，這也是我們未來要宣傳的一個點，更期待有意向的合作者來共同促進這項為人民健康服務的事業。

玉狗梁實現穩定脫貧還有一段路要走，但在這條路上，快手起到了至關重要的作用，瑜伽和扶貧也會因快手而更加走紅。

第七章

快手非遺：看見每一個傳承

本章概述

千百年來，我們祖祖輩輩在這片土地積累下無數經驗智慧。如今隨着時代進步，它們因難以適應時代而趨近失傳，這令人感到無比痛心。然而，在快手，非遺傳承人有了新的陣地，他們可以通過短視頻記錄和分享「非遺」，讓獨特的文化技藝得以傳承。快手正在忠實記錄各種民間手工藝人的絕活，如即將失傳的社火祭祀儀式等。通過快手，手藝人更容易找到喜愛自己絕活的傳承人，也讓廣大受眾更加了解非遺文化的魅力。

流量賦能的價值，正在於記錄和分享。從人與人建立連接到相互支持，進而獲得自我認同，獲得創造價值的信心和力量，這一「能量傳遞」鏈條正不斷影響着每一個快手非遺用戶，激發他們的內生驅動力，使他們能夠利用互聯網為非遺文化的傳播探索新的可能。快手以其普惠的流量分發和真實的分享社區屬性，成為每一個非遺傳承人表達自我、轉換價值的重要陣地。那些只顧埋頭工作的手藝人，終於找到了一扇通往市場的大門。

本章案例

魏宗富：快手讓魏氏道情皮影戲有了新活法

嗩吶陳力寶：一上快手學生多了 500 倍

唱戲阿傑：玩快手才知家裏有個「小神童」

快手非遺：看見每一個傳承

張帆　快手企業社會責任負責人

在快手，有這樣一對父子，他們家世代唱曲劇，帶着戲班子走村串巷。父親正值壯年，拉的一手好曲胡，是戲班子的主心骨。兒子超超是 90 後，長相俊朗，精通各種樂器。超超每次去村裏或縣裏出戲，都會錄上幾段後台樂隊的視頻，再配上一段鼓勵自己、父親及團隊砥礪前行的文字。

有時，視頻中會出現舞台之外的畫面：滿廣場自帶小馬扎的大爺大媽們，搖着蒲扇，品味着曲劇裏的悲歡離合。超超的視頻很受歡迎，平均每條都能有 10 萬左右的播放量，吸引了很多年輕人關注曲劇這個古老且獨具地區特色的非遺戲曲。

像超超這樣的民間曲藝類非遺傳承人在快手上不勝枚舉。快手普惠的算法分發機制搭建了一條信息通路，讓有同樣生活習俗和文化的人能夠打破空間限制，看到真實的現場分享，產生情感共鳴。也能夠讓有不同生活習俗和文化的人能夠通過真實的和一手的分享，看到不同的文化下，對相同的情感、體驗和生活感受衍生出的不同的表現形式，加深彼此之間的認識和理解。

如今，不同類型的非遺傳承人都在快手探索新機會。

快手每三秒就誕生一條「非遺」視頻

在甘孜同城，我關注到一個藏族六弦琴彈唱者西道加的快手號。他每天晚上直播，從傍晚 7、8 點一直到深夜 12 點，一首接一首地對着手機自彈自唱，偶爾也會與其他藏族彈唱者連麥。逐漸地，通過西道加，我關注到了來自甘孜、阿壩、海南州等地的幾十位民間藏族六弦琴彈唱者，和他一樣，他們逐漸把表演的主場從民間的賽馬場、婚禮和節慶的現場，轉移到了快手上。就這樣，他們隨時記錄下了鮮活的表演瞬間和人間故事。

除了非遺傳承人，普通人對非遺的記錄也充滿熱情。2019 年 3 月，快手發佈的數據報告顯示：在快手，平均每三秒就誕生一條關於「非遺」的視頻；過去一年裏，快手累計出現 1,164 萬條「非遺」視頻內容，獲得超過 250 億次播放量和 5 億次點讚。這些非遺內容豐富多樣。在視頻發佈數量前十名的「非遺」內容裏，僅秦腔就有 94 萬多條，秧歌 79 萬多條，面人 52 萬多條，豫劇 43 萬多條，還有火把節、廟會、竹馬、象棋、晉劇和玉雕等內容。在一條拍攝甘肅隴南鄉村戲台的視頻中，台下只有兩個觀眾，但這條視頻在快手上的播放量超過了百萬。

這些寶貴的來自民間的記錄，像是承載中國人集體記憶的巨大數據庫，與非遺一起，隨着時代的變化不斷演進。

的確，看快手上的各類人生，會上癮。

每次去不同的縣市出差，我都會刷快手的同城頁面。那裏有方圓幾百里土地上人們的生活日常和喜怒哀愁。愈往山裏和村裏，愈往草原和大海，那些源自民間的生命力就愈旺盛、愈豐富、愈鮮活。

千百年來，我們祖祖輩輩在這片土地積累下無數經驗智慧。在快手，這些非遺傳承人又有了一個新的舞台。他們可以通過短視頻和直播記錄和分享非遺，通過互聯網的連接探索非遺文化在新時代的新方向。

快手讓「非遺」得到傳承，價值得到變現

「浪漫侗家七仙女」獲得大量粉絲後，已經可以賺取打賞收益，同時，此前在當地幾乎消失的民族服飾，如今又被很多人穿了起來。愈來愈多本地人受到影響，主動參與到民族文化發展的事業中。不到一年時間，「七仙女」所在的蓋寶村已經實現了整村脫貧。

一位做面塑的老爺爺也在快手上積累起百萬粉絲。他的面塑大多是神話傳說中的英雄人物，色彩鮮豔、造型大氣，吸引了很多年輕人前來拜師學藝。於是，他通過快手收了徒弟，開了培訓班，也開始接商業訂單，手藝得以傳承，日子也愈過愈好。

陳力寶是電影《百鳥朝鳳》中嗩吶的演奏者，也是音樂人蘇陽的嗩吶手。為了讓更多孩子體會到嗩吶傳統民樂的魅力，他在每個視頻中詳細講解吹嗩吶的技巧，並通過快手課堂系統性地提供嗩吶課程。幾個月裏，陳力寶在快手上賣了上萬節嗩吶課，在惠及大量嗩吶愛好者的同時，也讓自己的手藝實現了價值變現。

流量賦能的價值，正是記錄和分享的價值。從人與人建立連接到相互支持，進而獲得自我認同，獲得創造價值的信心和力量，這一「能量傳遞」鏈條正不斷影響每一個快手非遺用戶，激發他們的內生驅動力，使他們能夠利用互聯網為非遺文化的傳播探索新的可能。快手以其普惠的流量分發和真實的分享社區屬性，成為每一個非遺傳承人表達自我、轉換價值的重要陣地。這些只顧埋頭工作的傳承人，終於找到了一扇通往市場的大門。

魏宗富：
快手讓魏氏道情皮影戲有了新活法

魏宗富是一位地道的農民，也是一個皮影班的班主，更是一位快手達人。他出身皮影世家，擔負着四代皮影手藝傳承與發揚的歷史使命，卻因收入低微難以維持生計，找不到接班人，感嘆「藝人死光、皮影滅亡」，直到他遇到了快手。

不到兩年時間，他就借助快手發表了 889 個皮影戲短視頻，收穫了 4.4 萬粉絲，得到了 15 萬元收入。如今，他每天在快手上分享與皮影的日常以及各種演出實況，通過快手將這項傳統技藝傳播給更多年輕人。

快手正默默以自己特有的方式做着「非物質文化遺產」的保護工作。像魏宗富這樣的非遺傳承人是幸運的，因為屬於他們的新戲台早已搭好，觀眾也陸續就位。人們可以透過一方屏幕，感受古老的光影藝術。

小檔案

快手名字：魏宗富，道情傳承人

快手號：835521006

籍貫：甘肅環縣

年齡：52 歲

學歷：小學

快手主題：道情皮影戲

快手拍攝風格：專業表演皮影戲

對快手老鐵的寄語：希望大家都來快手看皮影戲

講述人：魏宗富

商業模式：線下演出＋線上直播

我現在常常感覺自己老了，皮影到了生死存亡時刻，我卻無能為力。沒有演出的日子裏，我會在每天下田種地前，唱一段道情戲，閒暇時間，我會細細撫摸收藏皮影的信封，在夜晚拉着四弦琴自娛自樂。

直到 2017 年 12 月，我女兒看到別人玩快手，她也跟着玩。後來她跟我說，你也有這麼好的才藝，為甚麼不能在快手上表演？

家裏子女一直跟我說快手有多好，他們告訴我，在快手上可以表演才藝、閒聊天、交朋友，可以讓更多人看到皮影戲。

我不懂互聯網，那東西我也不會玩，當時我用的還是老式手機，為了玩快手，我乾脆換了一個智能手機，下載了快手 App。

藝人死光，皮影滅亡

我見證過皮影戲的輝煌，也感受過皮影戲的落寞，在快手出現之前，皮影戲正以飛快的速度走向滅亡。

幾十年前，我跟隨太爺爺演出時，每一場演出觀眾都滿場，從下午唱到第二天早上，太陽都升起來了，把窗子遮住還唱。院子都擠不進來，窗子上趴滿了人。

二十世紀是皮影戲最輝煌的時候，環縣有幾十個皮影戲班，在山間村子裏輾轉演戲，唱一天戲能掙 1 元，這在那個年代算一筆不小的收入，但也都是辛苦錢。小毛驢馱着戲班子的全部家當，足有 120 斤重。

那時，在我們環縣，村村有廟，廟必有會，會必演影戲。無論貧富，唱影戲都是必不可少的重要內容。過廟會不唱影戲，相當於沒有過廟會，村民是難以接受的。

我出生在皮影世家，我太爺爺是清末「道情皮影大師」解長春的四大弟子之一，學成出師後另組班子傳唱。當年太爺爺帶出了 84 位弟子，興盛一時，經爺爺、父親及我本人已傳承至第四代。

我從 14 歲開始跟爺爺學習演出，技藝是小時候跟爺爺一句一句學來的，16 歲就自己獨立帶團隊演出。我現在每年廟會的演出就有 140 多場。

對於本地村子來說，一套皮影戲的流程走完，這一年、這個播種的季節才算真正開始了。

現在條件好了，有汽車、有電視，但是看皮影的人卻少了。這個轉折點準確地說是在 1996 年，那時環縣皮影就開始走下坡路了。當時我們這兒偏僻的山村也通了電網，家家戶戶都能看到電視，皮影表演的機會愈來愈少。

2006 年，農村的人都外出打工了，村子裏人少了，看皮影的人就更少了，演出收入更加微薄了。我們「魏家班」一年的演出場次從 300 場直接減少到 150 場。一起演戲的老夥計開始另謀生路，唱戲變成了副業，我自己的兒女也不願意以唱皮影戲為生，我只能說服自己，只有愛是不夠的，還要能填飽肚子。

現在招不到徒弟，我已經想開了，如果是我自己，我也不會讓孩子學這個，他們學了可能將來連飯都吃不飽。畢竟養不了家也糊不了口的傢伙什，對普通人來說還能有甚麼現實意義嗎？要是世界上最後一個會玩皮影的人離去了，皮影也就亡了。

《大河唱》或成絕響

皮影戲最好的呈現方式不是圖文，只有視頻才能傳遞它的光影文化。

我第一次感受到視頻的力量源自一部電影，這部電影的誕生與蘇陽老師不無關係。

我和蘇陽老師很早就認識。2003 年，有一次我在縣城裏演出，很偶然地認識了蘇陽老師。因為我在當地也有點名氣，他聽了我的皮影戲，覺得挺好，就來跟我聊天，我還賣了幾張自己刻錄的光碟給他。我們就是這樣認識的，後來還經常打電話聯繫，看看他是否需要皮影資料。

2016 年，蘇陽老師找到我，說要拍電影《大河唱》，聽到這個消息我激動異常。從 2016 年 9 月開始，拍攝組就到我家來了，有時一住十幾天半個月。我有時幹會兒農活，有時在家裏閒餘時間唱，有時參加廟會演出，他們都跟着拍。

我們家在山裏，地方大，就讓劇組的人住閒置的窯洞。因為隨時隨地拍攝，就相當於家裏多了幾口人。

一開始還好，拍了一段時間之後，我就有點不耐煩了。我也不知道怎麼拍電影，也不能理解這個片子為甚麼要拍這麼長時間。有一天，我就問他們：「咱們這片子大概要拍多久？」

導演沒有回答我，就找了紀錄片《鄉村裏的中國》給我看，然後導演告訴我，《大河唱》大概也要拍這麼長，貫穿這一年的時間，把我怎樣生活、怎麼演皮影，都展示出來。

從那之後，我開始明白這件事情的意義。就像《鄉村裏的中國》，生活的改變無法避免，毀滅是皮影擺脫不了的命運，能留下來的可能就是這些影像了。所以，我後來也很配合導演的工作，希望能拍好，給自己留個念想，給後人留下影像資料。

2016 年 10 月下旬，我帶着「興盛班」去了一趟北京，參加蘇陽老師組織的「黃河今流」演出活動，跟蹤拍攝的楊植淳導演負責接待我們。

到北京的第一天，我在清華附小演了一場皮影戲，孩子們都很感興趣。我當時跟戲班裏的人感嘆，這些孩子真聰明，以後都是精英。

我們一行人還去了頤和園，第一次划船，我感覺很興奮。我家那邊沒這麼多水，沒機會划船。我們幾個還在船上唱了一段戲，大家都很開心。

當晚，我們配合錄製又去演出，時長大概 30 分鐘，因為之前蘇陽老師在彩排時說，時間可以拉長一點，但是劇目一定要完整，所以我把原來排練的 20 分鐘的戲延長到了 30 分鐘。

經過了三年的拍攝，2019 年，電影終於完成了。6 月 17 日，電影主創團隊來到我家舉行了一場特殊的放映禮，投影的白色銀幕就是皮影戲台的「亮子」，兩側寫着對聯：一口唱盡千古事，雙手揮動百萬兵。我邀請了村裏人來看電影，還照常打開自己的快手直播。我心裏特別高興，當天特地穿了一身西服。

6 月 18 日，《大河唱》電影在全國上映，我從沒想到自己能出現在全國公映的電影銀幕上。

在快手玩出新活法

剛開始，對於拍快手我還有點不情願，後來看到自己演出的視頻發到快手後，無數粉絲為我喝彩，我頓時認識到快手的神奇，便主動玩起快手來。

有天晚上我打開快手直播，有粉絲提出想聽女生唱旦角，沒辦法，我讓老婆也跟着唱，現學現賣。沒想到，效果卻意外地好。老婆現在還學會了打梆子，高音能唱到比我還高，對女性角色情感的拿捏也更加精準。

從 2017 年開始，到現在我玩快手一年多了，已經獲得了 15 萬元的收入，這其中包括來自上海、四川、新疆等地的演出報酬。那時，我帶着老婆到上海演皮影，老婆說，這是沾了皮影的光了，要不然可能這輩子都來不了上海。

如今，我通過快手接到了很多演出機會，有老鐵給我留言說：「我們這邊的戲不行，你唱得好，來我們這裏的廟會唱。」剛開始我還害怕遇到騙子，後來發現是真的。

之前，皮影戲不行的時候，我也試過刻光碟賣，有互聯網之後，有人把表演節目內容發到網上，但都沒起到甚麼作用。有了快手之後，我演皮影戲有人看，能接到演出，能交朋友，還能掙錢。本地演皮影的看我玩快手能掙錢，也開始在快手上玩起來。

愈來愈多的人通過快手找我演出，我甚至在快手上收了不少「徒弟」。不過，我仍然沒有傳承人，這些粉絲只是感興趣而並非專業演唱，要找到真正的傳承人不容易。

現在通過快手，很多當地的戲班都會來我家學習，隴東學院音樂學院也通過短視頻找到我，計劃着和我一起開發皮影音樂。

2019 年 10 月 20 日，我會在北京演出，為此我特意用鋁合金打了一副新的可拆卸的框，方便運輸。我還購置了新的皮影，改造了戲台，買了一輛皮卡，計劃着在家裏開發文化大院，這些都是為了更好地和那些素未謀面的老鐵建立連接，答謝他們對皮影的喜愛。

嗩吶陳力寶：一上快手學生多了 500 倍

電影《百鳥朝鳳》讓人們認識了 85 後嗩吶演奏家陳力寶。作為中央民族樂團的青年吹管樂演奏家，陳力寶名聲在外。他曾與歌手譚晶在《我是歌手》的舞台上合作，一曲《九兒》震撼人心。其實他還有另一個身份，那就是一位教嗩吶的主播，上萬粉絲在快手上向他學習吹嗩吶，這在過去是難以想像的事情。

小檔案

快手名字：陳力寶嗩吶

快手號：KS428742641

籍貫：河北唐山

年齡：32 歲

學歷：碩士研究生

快手主題：嗩吶演奏和課程

代表作：《百鳥朝鳳》《一壺老酒》《九兒》

快手拍攝風格：嗩吶演奏 + 教學，教學非常細緻、實用

對快手老鐵的寄語：讓更多人聽到嗩吶的聲音，讓更多人喜歡嗩吶

商業模式：嗩吶教學，嗩吶銷售

講述人：陳力寶

上快手後，我的學員從 20 個變成上萬個

我叫陳力寶，出生在河北唐山一個小山村。小時候，村裏每逢紅白喜事都會吹嗩吶，耳濡目染之下，我也喜歡上了嗩吶。見我有天分，父親便請了天津音樂學院的老師培養我。高中畢業後，我考入中國音樂學院，隨後進入中央民族樂團工作，2013 年又在中國音樂學院讀研進修。

第一次接觸快手非常偶然。兩年前，有位朋友發了一個民間藝人吹嗩吶的視頻，那個人叫鄭慶義，演奏水平很高，是一個快手主播。在樂團，我們每年都要下鄉采風，就是尋找這樣高水平的民間藝人，然後向他們學習民間傳統的文化和技藝。於是，我為了聽他吹嗩吶下載了快手 App 。

通過快手的推薦，我還發現了來自內蒙古、河南、甘肅和陝

西等地的嗩吶民間藝人，其中有幾個人水平很高，比如山西的衛明有、河南的文老五、內蒙古的宋小紅、甘肅的馬自剛等。每逢當地紅白喜事、廟會等活動，他們就會支起手機，直播演奏。我通過觀看手機直播，在他們身上也學到很多豐富的民間嗩吶文化以及特點。

我在嗩吶行業有一定的知名度，有時我去他們的直播間雙擊點讚，他們看到「陳力寶」這個名字，就問：「是《百鳥朝鳳》的陳力寶老師嗎？」然後就開始介紹我。當時我還沒有發過作品，就已經有四五千人關注我了。

有人建議我也來快手玩，開始我是猶豫的，因為我在國家級單位工作，類似這種公職人員職業的快手主播還沒有出現過。後來我想，也可以嘗試一下。2017 年 11 月 28 日，我發了兩條作品，說「粉絲數夠了就開直播」。同年 12 月，我在江蘇演出。晚上我閒來無事，第一次打開了快手直播，沒想到還挺有意思，從那以後我就經常開直播了。

為甚麼說「很有意思」呢？我在農村長大，但在北京待了將近 20 年。在快手，很多老鄉會和我聊天，問我小時候考學、學嗩吶的一些經歷。還有人問：「老師，你有沒有下過地？有沒有坐過三輪車？」這喚起了我童年的很多回憶。

我被問得最多的問題就是：「老師，我年紀大了能不能學吹嗩吶？」「小孩子能不能學嗩吶？」在我看來，嗩吶不僅僅是一件樂器，它在不同的人眼中有不同的含義。就算一個農村出身的孩子到了城市，生活幾十年，他的童年經歷仍然會讓他對嗩吶有一些不同的感觸。我告訴所有人，任何人都可以學，只要你喜歡，嗩吶面前，人人平等。

「傳承」是我們一直關心的議題，電影《百鳥朝鳳》正是探討怎麼傳承民間傳統，怎麼傳承人的信仰的主題。事實上，改變是傳承的必要條件。現實中我一共只有 20 幾個學生，但是在快手上，我有上萬個學員。來自天南海北的孩子們，只要打開快手，就可以通過直播學習到更科學、更專業的演奏知識，而不用像我以前那樣，千里迢迢地跑來北京、天津的音樂學院學習。

很多藝校的學生會給我發私訊，問我甚麼時候直播，能不能解答一些技巧，我就會用手機把問題記錄下來，直播時為他們講解，他們聽完了就說：「老師，我會了。」這種互動有很重大的意義。面對面的「口傳心授」，影響範圍不會有現在這麼廣。

在快手真正實現「嗩吶面前，人人平等」

2019 年 6 月，快手課堂正式上線，管理人員找到我，想讓我去開課。在此之前，有許多有數十萬粉絲的主播開課，課程定價十幾元，但是買的人並不多。所以當時我心裏嘀咕了一下，自己會不會也遇到這種情況。但直播間有很多老鐵給我鼓勵，說：「老師，沒關係的，你的課絕對會報滿，你要賣不出去，我一個人買三份都行。」這給了我很大的信心。沒想到，課程上線之後很快就報滿了，想再買都買不到，火爆到這種程度。

我的課程全部是直播的形式，每節課時長約一個半小時，我會提前定一個主題，寫好大綱，比如，大家吹嗩吶最常遇到甚麼問題、哪些技巧是難點等，把同類問題集中在一起進行解答。慢慢地我也養成了習慣，每天睡前我都會不由自主地琢磨一會兒，下次該講甚麼。

剛開始辦線上課時，我的收費標準是 50 元或者 100 元這種整數，但後來我再出課程，全部定為 9 元。對我來說，收入多那幾千元或幾萬元意義不大，但是幾十元對部分嗩吶愛好者來說，可能是很大的負擔。我的父母現在在農村，每個月花銷也就一兩百元。更重要的是，我希望所有人都能儘量均等地得到這個學習嗩吶的機會。

我的課程屬於快手「非遺文化課」的一部分，截至 2019 年 8 月底，共有 12,506 人購買過我的課程，3,219 人購買過嗩吶零基礎速學特惠課程。我很高興這麼多人可以通過快手認識我，從我這裏獲得信心。學嗩吶這件事說難不難，說簡單也不是那麼簡單的。但我這樣告訴大家：只要你想學嗩吶，你認識了陳力寶，就有機會學會。

我對學生的要求是，每天吹上一句就可以，但不要小瞧這每天一句。對很多人來說，《百鳥朝鳳》這首曲子難度非常大，沒個十幾年的功夫根本就學不下來，那是因為我們原來沒有完善的教學系統和教學計劃。

許多聽過我課程的零基礎學員，練習到現在已經可以完整地吹奏《百鳥朝鳳》了。其中還有一名 50 多歲的學員。儘管比不上專業演奏家的效果，但是別人一聽就知道，這是正兒八經的《百鳥朝鳳》。

我的學員裏，年紀最大的 73 歲，最小的才 7 歲。他們都很好學，我也很願意指導他們。有些學員讓我印象很深刻，比如 50 多歲的龍哥，之前他的生活主要是釣魚打牌，現在他每天在地下室吹嗩吶，還在直播間和我連麥。還有一些百萬粉絲的學員，開直播都有一萬人氣，比我這個老師都高。

有一個 7 歲的孩子讓我印象很深刻，他叫小暢，是我的唐山老鄉，在快手上也是一個小網紅。他吹得非常好，家長也有意讓他跟我學，所以現在他每個月會來北京見我兩次。現在我在快手收了十幾位線下的學生，他們都像小暢一樣，天賦比較高，而且非常喜歡嗩吶。我相信他們會對嗩吶的未來發展有所貢獻。

快手讓許多民間寶藏藝人被看見

每個地方的嗩吶演奏都各有其特色，並不是中央民族樂團、中國音樂學院的專業演奏者演奏水平就一定比民間的要高。之前我們樂團去采風、學習，文化部會給我們介紹一些非遺傳承人。嗩吶的非遺傳承人並不多，他們在中國嗩吶界都已經很有名了。但是，還有很多人和他們做着同樣的事情，他們雖然沒有被列入非遺傳承人，但卻依然在角落裏發出自己的聲音。

在快手上，我發現了很多這樣的人，他們遍佈全國各地，通過快手也和我成了好朋友。前一段時間，他們在山西定襄的一個村子裏舉辦了廟會，我受邀在廟會上表演，也學習了他們的演奏方式。如果沒有快手，我不會有機會認識這些人。

快手上還有一些民間音樂人，比如山西的鼓樂手衞明有。我第一次在快手聽到他的演奏時，感到非常震驚，他的演奏技術是超一流的。

嗩吶本身就來源於民間，扎根於民間。我很喜歡和民間藝人及快手上的粉絲分享、交流，這讓我對嗩吶有了新的認同感。我很敬佩這些民間藝人，不管是老藝人還是年輕藝人，能被快手的粉絲們喜歡，那麼他就一定有一些藝術價值。他們是靠着真正的技術、手藝生存，而不是靠譁眾取寵取悅眾人。

現在，我到美國甘迺迪劇院、國家大劇院、人民大會堂等地，也會錄一些視頻跟老鐵們分享。因為我常去的地方，好多老鐵都沒有見過，我就展示一下裏面是甚麼樣的，順便吹一吹嗩吶，讓大家聽聽在專業劇院裏發出來的聲音是甚麼樣的，他們也都很感興趣。

傳統文化傳承的新玩法

從前大家對嗩吶有一個刻板印象，認為它落伍、沒人學。但是在快手上，我發現很多人對嗩吶有熱情。

改變對嗩吶的刻板印象，需要嗩吶樂手的不斷努力，我在這條路上也有過迂迴。我之前在專業團體裏工作，但在音樂廳裏演奏不能完全地表達出我的想法，後來我玩了一段時間流行音樂和搖滾樂，去過各種音樂節。在快手，我也會發一些比較現代的、新潮的創意作品，甚至有和鋼琴、打擊樂、吉他等樂器的合作演奏。在民間傳統裏，嗩吶一般和笙搭配，但我希望讓大家看到嗩吶也可以和鋼琴這麼「高大上」的樂器一起表演。事實上，我在國家大劇院等好多劇院演出都是和鋼琴一起演奏的。做這些，我只有一個目的，就是讓更多人聽到真正的嗩吶，讓他們喜歡嗩吶，知道原來嗩吶也可以現代起來。

有一段時間，我忙着中國器樂電視大賽，每天去中央電視台錄製節目，沒怎麼做直播，好多人給我發私訊，問我怎麼最近沒直播，挺想我的。我還挺感動，都是年齡比較大的粉絲，說出這種話來，感覺很深情。我就抽時間在半夜直播了半個小時，竟然還有兩千多人看。

以前我出去演出，只有專業學校裏的學生來看我，現在我去陝西、山西、河南這些省演出的時候，會有一大堆快手粉絲到後台來找我，給我帶家鄉特產，我感覺特別親切。

印象比較深刻的一次是，我們單位去雲南怒江慰問演出。怒江位於中緬邊境。我沒想到，那麼偏遠的地方還有我的快手粉絲，而且是我的鐵粉，我當時很激動。有位粉絲告訴我：「陳老師，假如沒有你的直播，我根本就不可能去學嗩吶，也沒想過自己能學會。」

很多人剛開始學嗩吶，不懂怎麼挑樂器，於是 2018 年 4 月，我開始賣樂器。其實之前我是有顧慮的，畢竟我專業從事演奏工作，大家都知道我，我賣樂器的話，別人或許會說閒話。後來我想，沒有好樂器，對學習積極性的打擊很大。現在我賣的所有嗩吶，都是我親自去廠裏一根一根試好的。嗩吶有很多調，有 C 調、D 調、降 B 調、降 E 調，我會一遍遍去調，直到調好再賣出去。有的人甚至等我調了三四個月，才等到自己的嗩吶，我感謝大家對我的信任。

我不能代表整個嗩吶行業，但是從我個人的角度來講，快手確實為我帶來了很大影響。首先我玩快手的初衷就是學習，對於專業演奏者來說，這是一個很好的學習平台。

其次，對所有喜歡嗩吶的人來說，快手給了他們一個學習的機會。現在，很多同行見到我都會感嘆說：「陳老師，你太厲害了，竟然有上萬名學員。」學習樂器可能不會給人帶來多少物質上的回報，但是卻能滿足精神上的追求。

另外，我在直播間為很多人提供了專業級別的樂器，可以說是「花着白菜的價格，拿到了翡翠玉白菜」。

之前，國家級院團裏沒有人玩快手。但是受到我的影響，我的大學同學、同事也逐漸來到了快手，他們有的在中國歌劇舞劇院工作，有的在國家交響樂團工作，有的是大學教師。他們入駐快手，能夠再次提升快手的教育質量，這讓我感到非常開心。

唱戲阿傑：
玩快手才知家裏有個「小神童」

2 歲半時，阿傑就能自己唱戲。5 歲接觸快手。最開始錄視頻，唱的是河南曲劇《小倉娃》，播放量有 100 多萬，漲了幾萬粉絲。在快手上，阿傑經常找專業演員的視頻來學習，他還喜歡錄視頻，只要說拍段子，無論怎樣拍，他都願意。

電視戲曲節目《梨園春》的明星金獎擂主董華蓋，通過快手聯繫阿傑，說孩子有潛力，一定要好好培養。

2019 年暑假，阿傑去鄭州，到豫劇丑角大師牛得草的徒弟的學校，上了一個月正規的戲曲培訓班。不知不覺，阿傑成了非物質文化遺產的傳播者。

2019 年 9 月 1 日開學後，阿傑會到寄宿學校上小學三年級。上學十天後會休息四天，阿傑打算利用這四天去鄭州。阿傑媽媽說，無論付出多少代價都要送他去學習戲曲。

小檔案

快手名字：唱戲阿傑

快手號：303384145

籍貫：安徽宿州蕭縣

年齡：7 歲

學歷：小學在讀

快手主題：曲劇、豫劇

快手拍攝風格：田間地頭老房子內，拿個麥克風就開唱，偶爾點綴戲曲道具，說哭就哭說笑就笑，表情生動原生態

對快手老鐵的寄語：我們全家人都非常感謝大家對孩子這麼支持，也感謝快手給了孩子表演的舞台

商業模式：直播打賞，商品售賣

講述人：阿傑媽媽

兼顧學習、玩耍和拍快手

阿傑 2 歲半的時候就能唱戲，這孩子從小音樂感十足，很有天賦，歌曲對他來說太簡單了，聽一遍就會唱。但以前我們只覺得好玩，沒當回事兒，上了快手後，我們才意識到，差點耽誤個人才。

我老家在安徽宿州蕭縣農村，那裏不重視戲曲。我家裏一共有一畝多地，除了種地，我和愛人業餘吹嗩吶。老家有嗩吶班，附近紅白喜事，如結婚、孩子吃喜麵、老人祝壽或者有甚麼喪事，就會請嗩吶班過去。一個嗩吶班有七八個人，我們跟着別人幹，嗩吶班接一單活一般要兩天，每個人賺 200 元。夏天是淡季，一個月最多能參加一兩場，旺季時一個月有十場左右。

我不僅會吹嗩吶，還會唱戲，不過很業餘。我自己喜歡曲劇、

豫劇，就是個人愛好，沒人教我。我身邊也沒人唱戲曲，家人也不會。可能孩子是受我的影響，凡是我唱的戲他都會唱，阿傑喜歡模仿，不管是小生還是老旦全會唱。他學戲真的非常快，拿着手機聽個三五遍他就能唱。我沒有教他，全部是他自己聽、自己學的。

我們是從 2017 年開始接觸到快手的。阿傑他爸爸說，看見人家都在玩快手。他說通過快手能表演自己的才藝，並且還能有收入。我說怎麼可能呢？當時我還以為我老公想搞那些亂七八糟的東西。他第一次下載快手後讓我又給卸載掉了。他又下載了一次，對我說真的有用。

剛開始上快手的時候，阿傑 5 歲，他有點好奇，他喜歡看上面專業演員的視頻，他們唱得都非常專業。於是他經常搜索那些唱戲的視頻，他自己不會寫的字，就用語音轉成文字，搜索到了跟着學唱。覺得人家唱的哪段戲好聽，就讓我給他下載。

阿傑最開始錄視頻，唱的是河南曲劇《小倉娃》，播放量很多，有 100 多萬，漲了幾萬粉絲。因為這個角色比較吸引人，所以粉絲漲得多。

一般 50 萬~70 萬的播放量，能漲三四千粉絲，要是播放量達到 100 多萬，那差不多要漲 1 萬多的粉絲。現在通常情況下每天粉絲都要漲一兩千，有的視頻播放量大，一天可以漲 1 萬多粉絲。發段子比直播容易漲粉，一場直播下來也能漲 1,000 多粉絲，但開直播要累得多。

我們不像有些人那樣一天發好幾條視頻，也是擔心粉絲會煩。我們一天只發一條，有時候兩天發一條。拍視頻也需要各種準備。我們沒有專業機器，全是用手機拍的。

身邊沒有人教我們怎麼玩，完全靠自己在快手上觀察體悟。

因為必須上熱門才能開直播，我們想開直播，聽說以老房子為背景容易上熱門，就跑幾十里路找到老房子拍段子。夏天那麼熱，孩子從老房子裏出來之後渾身都是蚊子咬的疙瘩，特別辛苦。為了上熱門，孩子付出了很多很多。

有的人質疑我，問我是不是為了拍段子打阿傑了。因為他說哭立馬哭，說笑立馬笑，表情準確。我說不至於為了上個熱門就打孩子。如果你們不相信，我開直播的時候你們看一下，只要唱戲，阿傑立馬表情就出來了，非常貼合戲詞的內容。

孩子從來不討厭快手，只要你說拍段子，無論你怎麼樣拍，他都願意，我們沒有逼過他。他表演能力特別強，幾秒鐘就入戲了，這孩子真是有天賦。

我也根據他唱的戲曲，給他定做了幾套服裝。他只唱豫劇和曲劇，比較擅長這兩種，其他有些戲種不太好學，我也不想讓他接觸太多太雜，畢竟孩子太小。

阿傑馬上就過八週歲生日了，一般情況下我不會因為拍視頻影響他上學。他上學之前，我就把段子拍好保存起來，每隔一段時間上傳一條。視頻一般 57 秒，我怕孩子太累，所以沒拍長視頻。有時候如果真的沒存貨了，我就拍我自己。

阿傑也問過我，他能不能跟別的孩子一塊玩，我說咋不可以呢！他自己覺得老是拍段子、開直播，沒有玩的時間了。我說你隨時都可以玩，咱也不能因為拍視頻、直播不讓孩子有正常的生活。他的學習成績也很好，有時候他也會主動說：「媽，給我拍個段子吧。」我會兼顧好他的日常學習、玩耍和在快手上的拍錄。

村裏人都叫阿傑「小廣播」

玩快手一年多，我們也有一些經驗了。現在拍段子首先要找光線好的地方，選擇好位置和背景，包括穿的衣服，還有唱的時候音量的控制，各方面都要配合好。每個段子封面上配甚麼文字，如何吸引別人點擊進來看都很重要。效果最好的應該是在一定的劇情情境中的表演，有幾個他哭着唱的段子播放量都比較高，粉絲們都非常喜歡，覺得阿傑戲好，能感染人。

阿傑經常看自己唱戲的段子，看那些粉絲的評價，他非常珍惜他這個賬號。有時他和我說：「有些小黑粉，你不要計較，不要罵，這樣會封號的。」雖然他年紀小，但這些他都懂。

對沒拍好的段子他會說，這個不能發。上傳之後如果他自己不滿意，會刪了重新拍。有的視頻我們會拍好幾遍，要挑一個最好的發。每一個段子都要拍上三五遍。

阿傑的變化真的大，如果沒有快手他是不可能學到這麼多東西、會這麼多戲的。孩子能夠在這裏表演他的才藝，有這麼多人喜歡他，並且還能掙點收入，這挺好的。

現在我們家的收入是上快手前的好多倍，生活變化很大，社會地位提高了，不僅村裏人知道阿傑，方圓百里的人都知道他。我們現在到外面吹嗩吶時，他們就說「小廣播的爸爸媽媽來了」，他們叫阿傑「小廣播」，走到哪兒都有人認識。我和孩子去市裏，很多路人就說：「這不是唱戲的阿傑嗎？」

阿傑的同學老師都知道他在快手上的表現，說他是「百萬粉絲網紅」，但平時對他跟其他孩子一樣，老師該教的時候就教、該訓他就訓。阿傑的心態沒甚麼變化，他也不知道自己「紅」了，他以為就是玩。小夥伴也沒覺得他（紅了）就區別對待他，六一兒童節等重要日子，班上表演節目時他會唱一段戲。

有一些粉絲還會在線下找阿傑。2017 年和 2018 年的時候，很多粉絲都來我家住上十天半個月的，都是來看阿傑的，海南、江蘇、山東、河南等地都有，有的千里迢迢來我家。這些人有的帶着孩子，也有沒結婚的小夥子和大姑娘。說句真心話，我不會煩他們，因為他們都是喜歡阿傑的，是阿傑的粉絲，不管在我家裏吃住多長時間，我都會好好待他們。

接受專業培訓，傳承非物質文化遺產

阿傑在快手上「紅」了以後，得到了專業人士的認可，也提醒我們做父母的，要給孩子創造更好的學習條件。

電視戲曲節目《梨園春》的明星金獎擂主董華蓋，通過快手聯繫到我們，說阿傑這孩子有潛力，一定要好好培養他。他也想把自己會的東西傳授給阿傑，但他太忙了。

在這之前，我沒有給阿傑找過戲曲老師，安徽沒有戲校。我問董老師哪個學校適合阿傑，他就給了我一個鄭州戲曲培訓學校的電話，讓我聯繫人家。2019 年暑假，我專門帶孩子去鄭州，讓他上了一個月的戲曲培訓班，開始學一點基本功。畢竟曲劇、豫劇都是河南地方劇。這也是我第一次去鄭州。

這個學校的校長是牛派的，是豫劇丑角大師牛得草的徒弟。阿傑在這裏學習要早上 6 點起床，練習壓腿、踢腿等基本功，上午練嗓子，下午再練習壓腿、踢腿等基本功。畢竟戲唱得再好，身法跟不上也不行。下午 6 點多下課，每天都是如此重複。除了中午吃飯，他上午和下午都在學校辛苦練功。

學校的老師也非常器重他，感覺這孩子有表演天賦，想讓他參加河南電視台的戲曲打擂節目，不過在課程結束後，我們還沒有給孩子報名，怕孩子太辛苦。

從戲曲培訓學校回來後，粉絲們都在直播間裏看到孩子真的有變化，他們說阿傑的唱功、表演各方面都更有韻味了。

2019 年 9 月 1 日開學後，阿傑會到寄宿學校上小學三年級。上學十天後會休息四天，我打算利用這四天帶他去鄭州，無論付出多少代價都要送他去學習戲曲。未來如果真的有戲曲大師發現了他，想培養他，我們肯定也會全力支持。

我和阿傑原本都是因為愛好而唱戲，但因為快手，我們不自覺地成了非遺的傳播者。現在我們才認識到，曲劇、豫劇是非物質文化遺產，是國粹，需要更多人傳承下去。

如果不是快手，我們不可能意識到阿傑具有唱戲的天賦，快手讓阿傑被更多人看到，大家的鼓勵讓我們意識到，我們還可以做得更好。人們告訴我，阿傑的未來，也是非物質文化遺產和傳統文化傳承的希望。感謝粉絲們對阿傑的支持和期望！

第八章

快手村：星星之火可以燎原

本章概述

從物理層面上講，快手村的形成是一種空間上的擴張，是規模的擴大，但從深刻意義上來說，是傳統產業的升級，甚至是產業鏈的再造。「快手村」模式迅速崛起，不僅改變了許多個體的命運，也改變着一個地域、一個行業，甚至一個產業的生態。

快手村都有一個共同的特點，這些地方位於傳統的特色村鎮、批發市場或者產業帶，都是商品集散地或者原產地，商品供給十分方便，能夠持續為消費者提供相關產品或者服務，同時也有一定的物流基礎。商人對信息特別敏感，所以商品集散地或者原產地也是信息傳播特別快的地方，當一個人做生意賺了錢，他的模式就會很快被人模仿。

快手村還有一個特點，就是形成速度快。傳統的特色村鎮、批發市場或者產業帶往往需要長時間累積，是逐漸演變而成的。快手村的極速成長和「短視頻 + 直播」電商模式的低門檻、零成本有關。

在這個時代，電子商務正在快速迭代。傳統的線下銷售方式，剛剛被電子商務取代，傳統以圖文搜索為主要特徵的電商形態又迅速進化到 2.0 版，進入短視頻時代。

本章案例

涼山「悅姐」：同是草根，他能賺錢，我也可以

李文龍：我一炮走紅是受了《摔跤吧！爸爸》的啟發

華仔：我如何把洗碗布賣向全中國甚至東南亞

海頭鎮：一年 3 億元電商交易額是如何做到的

快手村：星星之火可以燎原

李召　快手研究院高級研究員

在浙江義烏夜市的商販中，閆博是較早在快手上做直播的。他一邊擺地攤，一邊對着手機有說有笑。當時同行認為他不務正業。2017 年 8 月，閆博在手機上賣出了 35 萬件羊毛衫，銷售神話一夜之間傳遍了義烏。2019 年 5 月，我們造訪義烏北下朱村，發現那裏每天有 5,000 多人利用快手直播賣貨，北下朱村成了名副其實的快手村。

在江蘇連雲港海頭鎮，漁民匡立想發了一個煮皮皮蝦的視頻，點擊量達到一兩百萬，兩年時間裏他積累了近 200 萬粉絲，成為當地著名的「帶貨王」，還成立了公司賣海鮮。匡立想的成功引起了村裏人模仿，他所在的海臍村有 2,000 多戶人家，就有 200 多個主播，無論是出海還是退潮，在船頭、碼頭上，在沙灘上，都有人在直播。

在中國的各種特色村鎮、批發市場或者產業帶，閆博、匡立想這樣的故事正在不斷上演。經由快手，無數普通人不經意間踏入了一個時代的洪流。

北下朱村、海頭鎮這樣的「快手村」模式迅速崛起，不僅改變了許多個體的命運，也改變了一個地域、一個行業，甚至一個產業的生態。

快手村的形成

閆博所在的義烏和匡立想所在的海頭都有一個共同的特點，這些地方位於傳統的特色村鎮、批發市場或者產業帶，都是商品集散地或者原產地，商品供給十分方便，能夠持續為消費者提供相關產品或者服務，同時也有一定的物流基礎。

比如義烏，它是歷史悠久的小商品集散地、世界「小商品之都」，也是全國物流最發達的地區之一，2018 年義烏郵政和快遞業務量超過 29 億件，每天有 800 多萬個包裹從義烏發往全球各地。連雲港海頭鎮位於黃海之濱，擁有 11.6 公里長的海岸線，這裏盛產各種海鮮，尤以黃魚、梭子蟹、東方對蝦、紫菜、貝類等海鮮珍品為最，這些得天獨厚的自然資源，是形成快手海鮮村的重要條件。

在前互聯網時代，賣一件貨物，要有一家實體店舖，但是店舖不可以移動，所以觸達的人羣和供貨距離都很有限。到了互聯網時代，有了淘寶、京東等傳統電商平台和便利的物流系統，賣貨更加自由了，突破了原有的空間限制。但要將貨物推廣出去，需要繳納高額的平台費用，還需要精美的圖片和文字包裝，一來不夠直觀，二來對普通人來說門檻太高。

進入短視頻時代，一方面，「短視頻 + 直播」的方式，使商品的展示更加真實和直觀，擁有更多細節，它不但能告訴你結果，還能告訴你過程，更可以及時互動；另一方面，拍攝短視頻、進行視頻直播的操作非常簡單，不識字的人也能做電商。

這樣，一條「商品—直播—終端消費者」的簡捷鏈路就形成了。

這很可能是未來商業的主要形態。

快手村還有一個特點，就是形成速度快。傳統的特色村鎮、批發市場或者產業帶往往需要長時間累積，是逐漸演變而成的。但在快手上，因為門檻相對低，一旦有了成功案例後，模式可以快速被周圍人複製，所以形成速度極快。

引入全新產業鏈的機會

從物理層面上講，快手村的形成是一種空間上的擴張，是規模的擴大，但從深刻意義上來說，是傳統產業的升級，甚至是產業鏈的再造。

兩年前的海頭鎮，只有兩三個順豐快遞員，匡立想和他的漁民朋友們捕撈上岸的海鮮，需要借助貨車運往全國各地進行銷售。現在，海頭鎮一天能出幾十萬單快遞，海鮮源源不斷被精準投遞到用戶手中。其中大部分訂單來自快手。海頭鎮一年的快手短視頻播放量高達 165 億次。2018 年，海頭鎮電商交易額超過 10 億元，成為中國海鮮第一村。

新的電商模式會倒逼產業鏈的升級。在海頭鎮，200 畝的海鮮電商產業園正在興建，傳統做蝦醬、蟹醬等海鮮醬的作坊式方式，已被更能保證食品新鮮度和口感的麻辣方法取代，「麻辣小海鮮」廠家如雨後春筍般冒了出來，新的食品標準也因此形成，發展出「海娃」等本土新品牌，一年產值能達到 3 億多元。

海頭鎮只是被直播改變的區域產業帶的縮影。如果我們將目光從江蘇連雲港的漁村移開，進入更廣袤的城市，就會發現快手帶來的改變同樣驚人。

在浙江義烏，從早期批發實體店的興起，到電商的繁榮，再到直播帶貨，快手正在點燃這個小商品批發之城的「第三次革命」。

義烏早年憑借「前店後廠」模式，讓生產至銷售環節的週期縮短，提高了商品流轉效率。而現在，通過直播電商，讓生產者與消費者間原本存在的中間經銷環節近一步壓縮，本質上提升了商品流轉的效率，是一次銷售範式的革命性創新。

「義烏電商模式正在發生變革，北下朱的快手村就和當年的淘寶村一樣，是一種新的電商形態。」義烏工商職業技術學院前副院長賈少華教授是義烏電商發展的親歷者和參與者，他認為，義烏電商經歷了三次革命，最初利用互聯網展示商品，以圖文為主；接着，視頻展示開始凸顯其重要性；現在，移動直播興起，又成了義烏電商發展的重要模式。「從文字到圖片，圖片到視頻，視頻到直播，在引流效果上，文字不如圖片，圖片不如視頻，而單純的視頻又不如及時互動的直播。」

「傳統電商已經接近天花板，在義烏做電商，每個人都面臨轉型問題。」賈少華教授舉了一個鮮活的例子，義烏小商品市場賣服裝的一個商戶，守株待兔一天只接到三個單子，他試了一下直播賣貨，儘管普通話很蹩腳，成交額也達到了 8 萬多元。目前，義烏小商品市場有一、二、三、四、五區，其中二區和五區都有直播平台。「過去學生做電商，桌上擺的是筆記本電腦，現在手裏拿的是智能手機，這就是電商革命。」

現在的義烏已儼然一座快手之城。它仍然人潮湧動，它仍然熱錢翻滾，它仍然充滿創新精神，它仍然擁抱時代的風口。

從閆博、侯悅、匡立想等人的故事中，我們能夠感受到這個新時代的氣息。他們原本都是普通到不能再普通的底層生意人，因為踏入了直播電商的風口，人生開始變得如此不同。在北下朱村，觸目可見的快手直播達人中，有太多這樣的傳奇。這是時代賦予先行者的禮物。

有愈來愈多的快手老鐵拿着手機，在街頭巷尾、在直播間，賣力地讓自己成為這一輪短視頻電商的受益人。他們沿着潮水的方向前行，他們的選擇就是市場的選擇，他們成為這一個新時代的記錄者和開拓人。

涼山「悅姐」：同是草根，他能賺錢，我也可以

侯悅，一個從四川涼山農村走出來的女孩，被快手粉絲們親切地稱為「悅姐」。在義烏創業期間，悅姐通過快手認識了很多草根創業者，在他們的鼓勵下，她一步步將自己的人生變得豐富起來。

通過快手平台，她將小商品帶向了全國各地。在這個過程中，她不僅獲得了財富自由，還幫助更多人參與到電商創業的過程中，帶領大家獲得了收益。從個人價值的實現到幫助他人，再到提升社會整體價值，她實現了人生軌跡的三次轉變。

小檔案

快手名字：創業之家～悅姐

快手號：houyue99

籍貫：四川涼山

年齡：36 歲

學歷：中專

快手主題：人生記錄，商品展示，創業經驗

快手拍攝風格：無須掩飾的真實記錄

對快手老鐵的寄語：做電商很簡單，只要真誠就行

商業模式：電商直播銷售小商品，組建「創業之家」培訓創業者

講述人：侯悅

禍不單行，迷茫之中，我遇到了閆博

我的名字叫侯悅，大家都叫我「悅姐」，我來自四川涼山農村，9 歲時父親就去世了，18 歲時母親得了食道癌，也離開了我，我只好與妹妹相依為命。

禍不單行，我結婚後孩子又早產，一出生就患上腦癱。為了給孩子治病，我每個月的花費都在 2 萬多，連續四年時間在全國各地求醫問藥，家庭的積蓄基本被掏空了。

為了生存，我開始擺攤賣東西。進貨過程中，我了解到義烏是各種小商品的源頭，於是來到義烏謀生。一開始，我經營傳統電商，淘寶、拼多多等平台都試過，也曾開過批發門店，但經營效果很不好，最後因為房租壓力大而關門。

迷茫中，我遇到了閆博。閆博是批發圈裏最早發現快手商機的人。開始我覺得閆博這個人有點奇怪，穿着非常隨意，一條短褲

衩，一雙拖鞋，開着小貨車，每天拿着手機在那裏玩快手，還非常開心，這難道不是「2B 青年歡樂多」嗎？但是閆博一個月賣出 35 萬件羊毛衫，這讓我改變了對他的看法。我覺得這人蠻有出息的，也開始注意快手這樣的短視頻平台。

閆博是一位來自陝西的普通創業者，他在家鄉創業失敗，來到義烏做傳統電商，一度因為收入太低而入不敷出。為了掙奶粉錢，閆博除了正常經營電商業務，還會到義烏的賓王夜市擺地攤。他閒暇時會刷快手視頻解壓，因為喜歡彈吉他，他嘗試把自己彈吉他的視頻發佈在快手上，竟然有很多人點讚，和他交流心得。後來他開始在快手上記錄自己真實的創業生活，比如，打包、發貨、開車去了甚麼地方等，很多人願意和他交流創業經驗。

有一天，他到賓王夜市擺地攤賣陀螺，同時打開了快手直播，一下子吸引了快手粉絲的關注，沒想到銷售效果特別好。他的陀螺能轉，還能發光，一位老鐵說很好玩，能不能進點貨，到他的家鄉去賣。還有人對他做電商創業比較感興趣，問能不能跟他一起幹。

通過快手直播，閆博不經意間發現，直播除了可以記錄自己的生活，也可以在上面銷售小商品，還可以與他人分享創業的酸甜苦辣，由此，他的人生新階段便開啟了。

同是草根，我覺得閆博這樣的普通人都能賺錢，自己顏值比他高，口才比他好，做電商應該不會比他差。於是我在快手上註冊了「悅姐」的賬號，記錄自己的生活，分享自己的故事，引起了粉絲的共鳴，也得到了粉絲的鼓勵。

靠真實記錄積累起 30 多萬粉絲

在快手，我只需要做真實的自己就可以，不像其他短視頻平台，非要把自己拔高或者美化才能吸引粉絲的關注。我就是靠這種無須掩飾的真實，逐漸積累起 30 多萬的粉絲的。

在互相信任的基礎上，我嘗試銷售義烏比較有優勢的產品。我在視頻中將商品的真實成本告訴粉絲，比如一雙成本 7 、 8 元的鞋子，我只需要賺 0.5 元就可以。義烏本身貨源充足，物流低廉，而自己銷售的大多數又是尾貨和庫存產品，具有極大的價格優勢。我也嘗試自己設計生產一些小飾品，而後逐漸發展成工廠。愈來愈多的老鐵從我這裏進貨，在他們老家擺地攤。

我將自己在義烏創業期間所遇到的困難和挫折、應對的辦法以及總結的經驗和教訓統統在快手上展現出來，讓更多的草根創業者汲取營養。直播的門檻很低，誰都可以做，但也需要技巧，需要不斷學習。我在走，你在看，至少我在創業過程中遇到哪些坎兒，我都告訴老鐵們。

作為一個外地來的普通女人，一開始我連房租都付不起，家裏欠着錢，還有一個患腦癱的孩子，但是現在，我的生活狀況已經好多了。有些原本並不想做生意的人，看了我的直播後，也複製我的模式，走上了自己的創業之路。

組建「創業之家」，幫助創業者利用快手銷售商品

後來，我和閆博等幾個合伙人組建了一家名為「創業之家」的培訓機構，幫助創業者利用快手等直播平台銷售商品。經過一年的發展，我們總共培訓了 600 多名學員。為了提高專業度和成功率，我們總結梳理了一套課程，對接貨源和供應鏈，還裝修了門店貨架、培訓教室，添置了直播設備和倉庫，讓學員可以在現場邊學邊實踐，拍視頻、開直播帶貨，這樣一來，我們就成了義烏在快手上

的第一批直播電商團隊。

在傳統電商平台，我們接了單子，只會聊生意，而在快手直播間，我們都是很好的朋友，都是創業者，我從來沒有把老鐵們當客戶。真實的生活記錄、面對面的溝通方式、完整的過程展示，比起以前做的傳統電商更有可信度。我們直播時，有時會直接到工廠展示產品的生產過程，有時也會到倉庫展示我們庫存的變化情況。

快手視頻直播的形式大大降低了做電商的門檻，傳統電商要拍精美的圖片，要寫詳細的產品介紹，對普通人來說要求挺高的，然而在快手，說得誇張一點，不識字的人也能做電商。

閆博有一個老鄉，是陝西甘肅交界地的農民，40 多歲了，也不識字，他老婆一直打擊他，說他一個字都不認識，還創甚麼業，做甚麼電商。我們就鼓勵他說，很多擺地攤的人也不識字，不照樣賣得很好嗎？

其實擺地攤也是一種直播，只不過觀眾就是來市場趕集的人，是地攤周圍的人，但視頻直播的觀眾就是所有拿手機的人，是正在刷短視頻的人。

快手每天都有上億人觀看，這就相當於一個上億人的大集市。所以，不識字不影響做電商，這位老鄉只需要對着手機說話就行，我們教他在快手上銷售老家做的砂金和一些手工藝品，一開始他因為不認識字，讀不了別人在快手上的留言，他老婆就在旁邊念給他聽，有甚麼問題他就通過短視頻回答。現在他每天能夠賺到 3,000 多元。而且，他不但自己賺了錢，還幫村裏的鄉親賣了貨。現在他告訴我，做電商很簡單，只要真誠就行。

幫助別人的同時也是在幫助自己

不經意間，我在快手上有了許多粉絲。也是在快手上，我發現很多人和我有同樣的經歷，在別的地方做着和我以前同樣的事情。他們會在快手上留言詢問我的相關創業經歷，比如如何擺好地攤、怎麼尋找貨源等，這些就和我現在的工作有關。

再後來，我試着在快手上開直播，因為直播時大家像是面對面交流，你問我答，十分真實。恰好我在義烏是做批發生意的，快手上有有需求的粉絲，我們就直接交易了。

快手真是個神奇的地方，在這裏，粉絲每天都可以看到我，他們知道我在做甚麼，他們了解我的性格，就像街坊鄰居一樣，所以都比較相信我。我做生意堅持薄利多銷，他們從我這裏進貨甚至比在當地進貨的價格還便宜很多。於是，我在快手上的粉絲愈來愈多，生意也愈來愈好。

現在，我每個月的收入在 20 萬元左右，這個成績是我以前萬萬想不到的，可以說是快手成就了我。以前因為孩子的醫藥費，我們欠了好多外債，但這幾年，我不光還清了外債，還買了房子、車子，也不用擔心孩子的醫藥費不夠了。

快手還能夠幫助我成長，以前我認為自己只是一個普通人，每天腦袋裏想的都是賺錢養家，現在我開始關注自身成長，提升自己的能力。另外，我可以通過快手將自己的故事分享給更多人，在創業路上幫助到別人，也讓我的生活變得更有價值。

李文龍：
我一炮走紅是受了《摔跤吧！爸爸》的啟發

1994 年出生的山西小伙李文龍，高二輟學選擇了當兵。退伍後他兩次創業做軟件，賠了百餘萬元。欠了一屁股債的他，卻通過在快手上賣飾品，一年掙了 100 萬元，還清了所有的債款。

從李文龍的創業思路來看，他選擇快手走向成功，並不是一個偶然事件，而是順勢而為的智慧發揮了關鍵的作用。

如今，李文龍已經註冊了「下手快」公司，有了自己的品牌。他十分注重產品質量及售後服務。李文龍表示，他不做一次性生意。正因如此，李文龍很快拿到了創業的第一桶金。回顧其創業之路，坎坷頗多，如今終於得到了回報，因此，他希望自己的創業經驗能給年輕的創業者們帶來更多啟發。

小檔案

快手名字：浙江義烏下手快飾品團長

快手號：20353635

籍貫：山西

學歷：初中

快手主題：在快手上銷售飾品

快手拍攝風格：通過差異化吸引受眾，讓其快手視頻更具話題性

對快手老鐵的寄語：在網絡如此發達的信息社會，真的假不了，假的真不了

商業模式：通過短視頻賣貨

講述人：李文龍

因為兩部電影，走上了快手賣貨之路

2018年，我看了兩部非常火的印度電影——《摔跤吧！爸爸》和《神秘巨星》。《摔跤吧！爸爸》講述的是一個女孩學習摔跤的故事，而《神秘巨星》中，女主人公通過發自己唱歌的視頻而在網上走紅。受這兩部電影啟發，我突然想到，我可以通過自己男生的性別視角，售賣女生用的飾品。

之所以選擇快手，是因為在一些電商平台，消費者看到的都是賣家精心修過的圖片，和實物之間存在一定差異。但是在快手平台，視頻拍到的和顧客拿到的產品是一致的。視頻觀看更加直觀和真實，老鐵們對快手視頻賣貨就更加信任。

另外，我也認真研究過快手熱門的視頻內容，總結出了一些規律。比如通過差異化吸引受眾，讓視頻更具話題性，從而登上熱門，實現帶貨的目的。

入駐快手後，我發現，市場上通過視頻賣貨的平台有很多，但

只有快手平台的抽成機制十分良心。

在快手，直播的分成機制明顯優於其他平台。我們和快手是稅前分成，納稅的部分由平台負責。快手的變現能力真的很強，2018年我和快手合作，15 分鐘就成交了 2,000 單。而一個有 1,000 萬粉絲的主播，一個月可能賺到上千萬元。

邪不壓正：相信品牌的力量

快手平台有推薦流量，但最關鍵的是要提高自身實力。我們的產品可能價格略高，但是絕對保證質量和售後。比如，產品在運輸途中損壞或丟失，顧客可以選擇全額賠款退貨或重新發貨。因為這個原因，我們一開始甚至還虧了一些錢。但是，把品牌打出去後，情況得到了改觀，我們就能夠保證獲得可持續性盈利了。

借助快手的巨大流量，我一個月的營業額已經做到了 30 萬以上。「下手快」火爆後，也迎來了很多效仿者。通過翻版或盜版視頻，「下手快」視頻得到了更加廣泛的傳播，從傳播效果上來看，這是划得來的。這相當於對方免費給我們打廣告，讓我們提高了知名度。

當然，盜版視頻侵犯了我們的版權，從法律上講是不正當的。不過，在網絡如此發達的信息社會，真的假不了，假的真不了，盜版畢竟是盜版，成不了正版，邪不壓正。

華仔：
我如何把洗碗布賣向全中國甚至東南亞

「陳智華看起來很憨厚，我非常看好他。」中國國際貿易學會專家委員會副主任、中國國際貿易學會中美歐經濟戰略研究中心共同主席李永如此評價陳智華。

在義烏小商品城，賣同一件商品的就有上千家商鋪，同質化嚴重，競爭激烈。如果沒有創新，很容易就會被淘汰。

而陳智華從一開始就有意識地經營品牌、保護知識產權。這無疑為義烏商户們的發展帶了個好頭，他用實踐告訴大家，只有保護專利和知識產權，所有努力才能見到成效。

現在義烏缺乏自己的品牌，像陳智華這樣的年輕人，能創新，能注意保護自己的創意，加之經營得當，未來將不可限量。

小檔案

快手名字：椰殼抹布創始人：榮葉華仔

快手號：A18757803388

籍貫：福建寧德

年齡：33 歲

學歷：高中

快手主題：演示如何擺攤，如何銷售商品

快手拍攝風格：注重現場演示性和全過程

對快手老鐵的寄語：不斷創新並想方設法保護自己的創意

商業模式：直播售賣洗碗布，註冊椰殼抹布商標，未來進行更多產品開發

講述人：陳智華

我在快手上叫「榮葉華仔」，來自福建寧德，我擺過地攤，做過批發，有近十年的電商銷售經歷。

一次，我和朋友打完籃球吃夜宵，看到有人玩短視頻，覺得很有意思，一問才知道，這個短視頻平台叫快手。當時我們七八個人都下載了，使用後很震驚，我們認為這個短視頻平台日後必定會火。

於是我也希望參與其中，見證平台的發展。我開始和朋友一起探索視頻的各種玩法，積累到五萬粉絲時遇到了瓶頸，因為不知道如何變現。

有一天我看到有人在快手演示如何擺攤、如何銷售商品，我突然有了靈感。之前我一直做傳統電商，發一些文字講解和圖片展示，但都沒有短視頻這麼直觀。所以，我想我一定要抓住這個機會。

注重商標保護，避免被仿冒

銷售甚麼商品呢？我研究後選擇了洗碗抹布。我是這樣想的：

第一，每個人都要洗碗，市場巨大；第二，洗碗的演示性特別強。我不僅可以現場演示怎麼用，還可以全程演示怎麼擺攤，怎麼賣；第三，我們的抹布效果特別好，我們做了試驗，市面上各類油漬，我們都可以擦除 50% 以上，一些常用植物油導致的油漬甚至能達到 90% 以上；第四，售後溝通方便，傳統電商根本見不到銷售者本人，而通過短視頻，消費者可以和我直接溝通。

我的椰殼抹布在快手推出之後，效果特別好，它開始在各大超市和街頭巷尾的地攤熱銷，銷售範圍覆蓋了中國所有省份，還銷往馬來西亞等東南亞國家。目前要三家工廠同時開工生產，才能滿足顧客的需求。

椰殼抹布從 2018 年 5 月開始銷售和推廣，直到 11 月，市場上才真正出現一兩家能和我們抗衡的競爭對手。原因有兩個：一是因為椰殼抹布的品質過硬，二是我自創的「銷售方法」難以複製。

我意識到，不斷創新之後還要想方設法保護自己的創意。以前，某東西一火，就有大量的人仿冒，所以我在做短視頻電商直播時就申請了椰殼抹布的商標保護，不然好不容易結出的果子，一下子就被別人摘了。

未來我還要進行更多的產品開發，從獨特的角度打開賣貨思路。首先堅持在產品質量優質的前提下把性價比提高，還要讓產品有自己的特點，更要讓客戶放心，讓他們自發為我們的品牌打廣告。同時，我也歡迎更多的創業者共同交流，相互學習。

快手成就千千萬萬草根

我直播擺攤賣抹布，客戶既可以全程看到抹布的功能效果，也能看見我是如何將產品銷售出去的。即使下雨無法出去擺攤，我還是會在家錄視頻，演示抹布的功能以及如何進行銷售。一整套的方法教你去售賣抹布，有任何問題都可以與我溝通。

一年時間，我的快手粉絲便達到了 20 萬，愈來愈多的批發商開始經營自己的快手號，做直播電商。通過短視頻銷售抹布，不僅我自己賺了錢，一些老鐵通過我的演示和供貨，在自己老家銷售也掙了錢。

很多來我這裏拿貨的人，我都會手把手教會他們怎麼去銷售、怎麼通過快手引流，有甚麼問題都能幫助創業者去解決。甚至，萬一貨賣不出去了，我也有售後，可以進行貨品回收。

授人以魚，不如授人以漁。我還在快手上教別人如何創業，如何利用快手平台成就自己。通過這款產品的銷售，吸引了愈來愈多的創業者加入，創造了這個行業的小小奇跡。因此，快手成就的不只是我一個人，還有千千萬萬的創業草根。

做快手電商和擺地攤一樣，要想銷售好，第一，價格要低，性價比要高；第二，產品一定要有特點；第三，效果必須真實可靠。現在，除了抹布，我也在研發其他產品，未來的產品也要符合這三個特點。

如果你做過電商直播就知道，一旦有假貨或者劣質產品，粉絲的評論大家都是看得到的，不可能都刪掉。這和電視上直播答記者問還不一樣，記者提問還可以控制範圍，甚至提前打招呼，即使這樣，也經常出現不可預料的情況。快手短視頻直播，如果出現大量差評，直播該怎麼進行下去呢？

所以我相信，只有誠信為本，用戶為王，生意才能持續下去。

海頭鎮：
一年 3 億元電商交易額是如何做到的

2018 年，快手全國短視頻播放量 Top10（前十名）的鄉鎮中，連雲港海頭鎮獨佔鰲頭。「彩雲海鮮」是其中的頭部主播，他擁有接近 200 萬粉絲，以「風格生猛」「能帶貨」著稱，每次直播訂單量在 1,000 單以上，最多一天達到過 4,000 多單，當日銷售額超過 50 萬元。而僅在三年前，他還是個子承父業、在風口浪尖上討生活的「90 後」漁民。

「彩雲海鮮」的發展，既是傳統漁民玩轉快手的逆襲故事，也是傳統漁村在生鮮電商浪潮中驟然崛起的絕佳樣本——天貓、京東等綜合電商巨頭還在加緊為生鮮佈局，新興勢力還在為規模和盈利掙扎，而「彩雲海鮮」和他所在的海頭鎮，已經通過「直播＋電商」，實現了從漁民「線下批發供貨」到「電商直送到户」的轉變，2018 年海頭鎮全鎮電商交易額超過 3 億元。

小檔案

快手名字：彩雲海鮮

快手號：caiyunhaixian

籍貫：江蘇連雲港

年齡：30 歲

學歷：初中

快手主題：海鮮

快手拍攝風格：生猛網紅，一張口老鐵立馬買買買

對快手老鐵的寄語：良心帶貨就不會有壓力，要吃咱就吃最新鮮的

商業模式：快手直播帶貨，通過快手小店銷售本地捕撈、加工的海產品

講述人：匡立想

我是快手賬號「彩雲海鮮」背後的負責人，平時發短視頻和做直播的風格屬於生猛型，跟賬號名字有點不搭。其實「彩雲」是我老婆，我女兒是「小彩雲」，我真名叫匡立想，快手上好些老鐵叫我「匡總」或者「匡哥」。

我是連雲港海頭鎮海臍村的一個普通漁民，從小生活在海邊，村裏祖祖輩輩都是漁民。2016 年我接觸到快手，最開始就看看視頻，自己瞎拍，發一些出海、起網的視頻，慢慢發現自己開始上熱門、漲粉了，有粉絲來問海鮮怎麼賣，我就順道也在網上賣一點貨。

兩三年下來，我在快手上有 200 萬粉絲，算是個「網紅」吧，現在做的主要是快手直播帶貨，把我們這兒新鮮捕撈上來的海鮮，送上全國各地老鐵的餐桌。

我們村 2,000 多戶，基本都是漁民，以前賣海鮮，都是賣給漁貨販子，漁民自己的利潤很少，銷量也不高。通過快手賣貨之後，光我們村最起碼得 200 多個主播，平時出海在船頭、碼頭上，隨時

能看到用手機拍短視頻的、做直播的。一退潮的時候，很多村民在沙灘上直播趕海，每天晚上 8 、 9 點都有上百個直播間開直播。

開直播幹甚麼？當然就是賣貨了。我們這兒流傳一句話，當然也是開玩笑，說「東北人上快手是吹牛，我們海頭人上快手就是賣貨」。直播間裏給老鐵們看看新鮮捕撈上來的海鮮，現做現吃，讓大家忍不住就想買。

不光是我們村，整個海頭鎮做電商太厲害了！家家戶戶賣海鮮，做直播的都不知道有多少，誰都可以做，這幾年只要是堅持下來的，收入上百萬、上千萬都沒問題，電商對漁民的生活，還有我們這裏整個經濟的改變實在太大了。

我不是最早做直播賣海鮮的人，但也算是「吃到螃蟹腿」的人吧。直播對我們村的巨大改變，還得從以前的漁民生活說起。

漁民的心酸：風口浪尖討生活

我在快手上發視頻、做直播，那都是風平浪靜能騰出手的時候拍的。快手上看到的，僅僅是漁民生活的一部分。過去，漁民的生活是很苦的，風險大不說，收入還不高。

我生在 20 世紀 90 年代的農村，以前我父親是「領船的」（領海員），母親在人家漁船上補網。我初中輟學出去打了一年工，回來之後，十八九歲吧，家裏湊錢買了一條船，我就開始「養船」（經營漁船出海捕撈）了，算是繼承了老一輩的傳統，我爸就給我打下手。

漁民的生活可以說是起早貪黑，出海都是按照潮水情況來的，跟着潮水一天一天轉，今天是 6 點潮水，明天是 6 點半，後天是 7 點，一天沿着一天。如果夜裏有潮水，就夜裏起來出海，白天有潮水，就白天出海。在船上太苦了，大風大雨、暴風雨我都經歷過。

最危險的一次，是個夏天，我跟我父親出海。出門前，天氣預報說的是沒有風，但有雨。但那次我們十六七米的一條小船，在海上碰到了 11 級大風，我們完全沒有準備。夏天短時的雷陣雨在海上很常見。天氣預報也不一定準。

11 級大風是甚麼概念？只記得我當時就想：「海了海了，這一輩子海了。」

那個風持續了不到 40 分鐘，風息了，假如颳上一個小時，可能連人帶船整個都……我跟父親兩個人在船上，他看着我，我看着他……

我沒有在快手作品裏說過這些事情，沒法說，我只在直播裏說過。我的那些老鐵在直播間問：「在海上有經歷過危險嗎？」我才給他們講。有一次直播間有兩三千人，眼淚嘩嘩的，我心裏很難受很難受。粉絲都為我擔心，說太可怕了。

凡是上過 30 年船的老漁民，我爸那一代的都經歷過風浪，我爸的弟兄就是這樣在海上沒的，身邊有好多這樣的例子。

漁民出海很苦，可也沒別的辦法。我結婚很早，家裏有兩個孩子，還有老人，不出海不掙錢咋辦？那天也就是回家睡一覺，隔一天該出海還得出海，該掙錢還得掙錢。靠山吃山，靠海吃海，不上船還能幹啥呢？

快手上有好多我的粉絲說「哥我去你船上打工」，還有想跟着我來體驗漁民生活的，感覺我們好風光，天天吃海鮮，天天出海多麼瀟灑。他們不知道漁民的艱辛和危險。

有一次我在駕駛船，兩天兩夜沒合眼，疲勞駕駛。我直接抱着方向盤睡着了，船在海上轉圈，旁邊的船一直在對講機裏跟我喊：「你幹啥呢？你是不是打盹了？」太累了，只要往後甲板上面一躺就睡着了。

所以有粉絲說要來，我說：「你們來，我帶你們出海一兩天可以，但我不能長時間帶着你們出海。」我從來都不留他們，他們來，我就開着船帶出去轉一轉，撈一網兩網的魚，嘗嘗海鮮就讓他們回去了。

直播成了帶貨王，成立公司賣海鮮

說到我第一次接觸快手，是我們鎮上有個叫三子的，他也是漁民，以前在網上還發「漁民日記」，寫了好多漁民出海生活見聞這類的文字。他是最早在快手上發短視頻、在網絡上帶貨的，我就跟他學。那會兒發海鮮視頻的很少。

大概是 2017 年 2 月，我才開始正兒八經地琢磨怎麼拍視頻。看到人家拍視頻上熱門、漲粉絲，就模仿人家，後來正式用了「彩雲海鮮」這個號，一天發好幾條視頻，一邊出海捕魚，一邊隨手拍個視頻。

第一次上熱門特開心，我隨手發了一個漁船上的發動機的視頻，不知怎麼就上熱門了，一下子幾十萬的播放量。接着我又琢磨，怎麼能再上熱門，嘗試着各種內容拍了個遍，慢慢摸索，有時候能行，有時候也不行。

直到 2017 年 6 月左右我才開始有點上道了，你得讓全國各地的朋友感覺這是在海上捕魚，讓人家對你有興趣才會點進去，才會雙擊點讚。這一網起網了怎麼樣，帶粉絲們看這網的漁貨怎麼樣，給他們介紹這是甚麼，他們都挺好奇的，想知道這網能夠逮到啥，拖到甚麼東西，比如，皮皮蝦、八爪魚之類的。就這樣，粉絲慢慢變多了。

有一些粉絲問這個多少錢，這個怎麼賣，就和我互加微信，買些海鮮。開始的時候，一天有幾單，船上捕上來的海鮮，當時主要還是銷售給當地的漁貨販子，還有當地的市場，或者批發給飯店。

印象最深的一次轉折，是有一回我突然就火了。那天夜潮，我們是夜裏出海的，第二天中午回來，在船上拍了一個短視頻。船上有個養皮皮蝦的箱子，裏面是剛拖回來的皮皮蝦，我和我爸抬着那個箱子往鍋裏面一倒，說：「煮鍋皮皮蝦來吃，要吃就吃最新鮮的。」

結果這個視頻發出去點擊量瞬間就一兩百萬。我馬上開了直播，直播間人氣達到一萬多人，當時就傻眼了，那會兒我才六萬多粉絲，突然就來了這麼多人！我在船上直播了一會兒，下船回家忙活了一些別的事，在家又繼續直播，直播間裏還有六七千人，好多人都問海鮮怎麼賣。

那時候還沒有快手官方小店，只能加微信賣，我掛了自己的微信號，直接就加爆了，又掛了另一個微信號，也「癱瘓」了。一天賣了好多好多，大概是走了六七百單，發貨都忙不過來。

這之前我在快手上賣一天貨，多的時候有十幾單，少的時候有個五六單就不錯了，這一下子上百倍！我爸、我媽、我姐、我老婆、我丈母娘都來幫忙，全家人都上陣，手忙腳亂地花了兩天把貨發完了。當時就想着必須要快點發出去，不然人家對你不信任了。

太嚇人了，你想啊，「養船」一天起早貪黑那麼苦，就掙個千八百元，這一天的銷售額就是幾十倍！

自那以後，我逐漸形成了自己的風格。老鐵們看「彩雲海鮮」的內容風格都比較生猛，在船上大鍋做海鮮，丟鍋蓋，嘴叼八爪魚「爆頭」。粉絲喜歡這種風格，「帥氣人設」一開始做過，沒甚麼人看。咱是在風口浪尖上討生活的人，要放得開，才能「吃得開」。再說了，吃海鮮吃甚麼？「要吃就吃最新鮮的。」出海打撈上來的海鮮，回來就直播賣出去。比如說海螺、八爪魚，可以生鮮直接發快遞，皮皮蝦發貨不是很容易，就找我們這邊一家食品加工廠做代加工，做熟後發貨。

正式玩快手第一年，我還是一邊出海一邊直播，到後來粉絲積累到幾十萬，銷售量也起來了，直播帶貨肯定掙的錢更多一些，況且光是我家船捕撈的海鮮也供應不過來了。

一出海沒顧上直播，好多粉絲說：「你已經有幾天沒直播了，蝦都吃完了，趕緊直播。」「你不直播我去別人家買也不放心，就喜歡買你家的，趕緊開直播去吧。」就這樣，我天天在家裏直播賣貨，出海就少了。2018 年 3 月，我成立了公司，公司名叫「醉八鮮」。

我現在每天的主要工作是，一般下午幾個小時不等，拍視頻、拍段子，晚上 9 點開始直播。視頻就是很簡單、特別接地氣的拍攝，也沒有甚麼剪輯，但是要花時間準備海鮮、道具，還有想內容。天天拍重複的內容，老鐵們也會厭煩，拍不好上不了熱門，也很浪費時間。

小漁村成了賣向全國的海鮮村

快手不僅改變了我們一家，還帶動了整個漁村、整個鎮的產業鏈，捕魚的漁民，打包的快遞，都火起來了。光我一個主播，都能帶動一大批漁民賣貨，增加很多收入。更別提還有幾百個主播。

我每天晚上開直播，大概會收 1,000 單左右，主要賣八爪魚、皮皮蝦、海螺、扇貝肉，還有其他一些捕撈上來的海產品和海鮮加工品，收入一般在十萬元左右，好一點的時候有二三十萬元。

比如八爪魚，都是我們村捕撈的，村裏一共 200 多條船，我們家親戚也都是養船的，跟我走得近的那些叔叔、伯伯，最起碼二三十條船，拖出來的八爪魚都會送到我這裏來。我自己建了冷庫，凍好之後隔天直接發貨。

有很多老鐵說：「這也不是你家捕的。」我說：「對啊，要是我自己出海捕的，十條船捕的海鮮也不夠你們要的。」在需求特別大、村裏供應不夠的情況下，我還要去別的村收購，但是質量我一定要保證，直播帶貨，有一點甚麼不好，粉絲們就會在直播間裏說，全都能看到。

營業額最高的一天是 2019 年 4 月，粉絲到 200 萬的那天，我開直播做了一場活動，回饋老鐵們，秒殺扇貝肉，一天出了四五千單，銷售額 50 多萬元，太火爆了，忙到半夜都還在接單打單。

平時我們固定打包發貨的有五個人，一天 1,000 多單的發貨量沒問題，量大的時候請了好幾個臨時工，十個人左右一天就能出 3,000 包（單）。以前用微信接單，一天幾百單，客服起碼得四五個，用了快手小店之後特別方便，直接打單，兩個客服加上一個售後就夠了。平時直播 1,000 來單，一個客服就可以。

以前我們也開過網店，太複雜了，還到處找人請教怎麼經營，最後還是決定把重心都放到快手上。

這一兩年互聯網上做海鮮直播的很多，壓力多多少少會有一點，但我的特點就是良心帶貨，能讓粉絲買到實惠的就行，人多人少無所謂。早期市場也小，沒有帶動性，現在整個市場都活躍起來了。

2017 年八爪魚賣 11 元 / 斤，2018 年冬天，八爪魚最貴賣到 70 元一斤。為甚麼價格這麼高？因為在網上展示並銷售，需求量太大了，不管多少錢，人家就是要買。快手直播帶貨帶動了我們一個村、一個鎮，打開了全國這麼大的市場。

現在海頭鎮做海產品太厲害了，只要有好東西，只要這個產品質量過關，能達到五星好評，瞬間就直接脫銷。

快遞的感受應該最明顯，沒做電商之前，順豐在我們這裏一天的收件量很少，整個海頭鎮也就幾百單，發甚麼的都有；海鮮電商起來之後，一天一萬多單。京東快遞也進來了，快遞公司之間也有競爭，量一大，快遞價格也下來了。

休漁期的時候是淡季，我就偷懶給自己放個假，直播的時候一天還有 1,000 來單，不直播的時候，一天也就幾十單。

其實天天直播也很累。很多人覺得我直播帶貨看起來輕鬆，但假如直播間沒有氣氛，光帶貨人家也不愛看。所以直播的時候就得全程出十二分的力氣，所有的收穫不全是靠運氣，而是靠百分之百的努力。

但不管怎麼說，直播的累跟養船比算甚麼呢。我覺得現在的日子像在天堂一樣美好。所以我特別珍惜快手上所有的粉絲，我現在的目標就是經營好自己家的海鮮生意。等夏季的休漁期過了，加油把粉絲能再漲個 100 萬，我就滿足了。

第九章

快手 MCN：把握從圖文向視頻遷徙的趨勢

本章概述

春江水暖鴨先知，傳播數據的變化，讓 MCN 機構感受到圖文時代向視頻時代遷移的趨勢，因此果斷選擇擁抱短視頻。MCN 機構向視頻進發，這個過程會遇到很多挑戰。一是圖文時代和視頻時代的規律不同，需要跨越這個鴻溝。二是做視頻不會馬上產生收入，需要耐心等待。

因此，MCN 機構一般都會選擇多平台戰略，在所有平台上試驗。其中，快手有一些獨特的優勢。一是快手的私域流量多，二是快手變現手段多，三是快手有比較公平的算法機制，四是快手有大規模的視頻用戶。

本章案例

晉商行：MCN 機構要抓住稍縱即逝的機會

五月美妝：讓普通男孩女孩成為網紅達人

快手 MCN：把握從圖文向視頻遷徙的趨勢

張嶄　快手 MCN 營運負責人

在微信公眾號興起的年代，五月美妝作為一家 MCN 機構，過得相當滋潤。2018 年，公司老闆突然決定向短視頻行業遷移。也是在 2018 年，晉商行果斷將重心轉向短視頻行業。此前，晉商行曾在圖文自媒體領域擁有一億粉絲。

春江水暖鴨先知，傳播數據的變化，讓 MCN 機構感受到圖文時代向視頻時代遷移的趨勢，因此果斷選擇擁抱短視頻。在趨勢變化面前，行動成為一種必須。

MCN 英文為 Multi-Channel Network，是一種商業機構，生產專業化內容，在多個平台上持續輸出，進而獲得商業變現。據統計，截至 2018 年底，短視頻類 MCN 機構數量已經超過 3,000 家，預計到 2020 年，這個數字將超過 5,000 家。

快手做 MCN 有甚麼優勢

MCN 機構向視頻進發，這個過程會遇到很多挑戰。一是圖文時代和視頻時代的規律不同，需要跨越這個鴻溝。二是做視頻不會馬上產生收入，需要耐心等待。

因此，MCN 機構一般都會選擇多平台戰略，在所有平台上試驗。其中，快手有一些獨特的優勢。

一是私域流量多。MCN 機構的普遍痛點是變現難，在公域流量與私域流量的選擇上，擁抱私域流量是行業共識。快手的特點就是私域流量多。

二是變現手段多。快手可以通過電商變現，通過直播打賞變現，通過快手課堂知識付費，還可以通過快接單變現，讓主播帶貨。

三是有比較公平的算法機制。快手的普惠機制省去了機構用戶的後顧之憂，平台推出的大規模流量扶持計劃更是與 MCN 的目標不謀而合。與此同時，平台也在不斷改善與 MCN 的合作機制，將其從傳統簽約模式轉變為重要的合作夥伴。

四是有大規模的視頻用戶。快手有超過兩億的日活躍用戶。

快手對 MCN 機構的態度

2018 年 7 月，快手開始正式扶持 MCN 營運機構，成果顯著：平台 1,000 多家機構擁有 10,000 個以上賬號，作品發佈量平均每週超過兩萬，週點擊量超過 17 億次。從粉絲數據上看，MCN 總粉絲量超過 18 億，平均增長粉絲數為 1,000 萬左右。MCN 機構入駐快手以後，已經有了 5 億的粉絲增長，這也體現了營運的價值。

在正式引入之前，已經有許多 MCN 機構自發湧入快手平台。機構剛來平台時可能會遇到一些問題，但找不到明確的對接人，這造成賬號前期發展十分緩慢。而且，機構對平台規則也不了解。每個平台都有自己的規則和特有的生存法則，同時還有一個內容的尺度標準。把握不準平台的規則和內容尺度很容易給賬號造成一些不必要的麻煩。

在這個過程中，我們看到，MCN 的引入對於豐富內容的供給側有着非常強的意義。一方面，它可以讓用戶看到更多形態的內容；另一方面，可以從側面引導用戶生產相應的內容。

專門的營運部門建立後，可以提供以下幾項服務。

第一，專屬的營運對接。一旦遇到賬號相關問題，平台會指定具體的對接人及時幫助用戶解決問題。

第二，原創內容保護策略。我們知道，MCN 生產內容有成本，不僅僅是時間成本和精力成本，但是，網絡上出現的剽竊、搬運等行為不利於原創內容的發展。原創內容保護機制會讓用戶的權益得到有效提升，避免帶來不必要的損失。

第三，線下公開課答疑。平台對以往案例進行復盤，針對一些趨勢特徵為用戶在線下進行實時指導。搭建機構營運後台。直播後台可以有效監測到每一個主播每一個用戶的開播行為，開通後台，MCN 機構可以看到每一條內容的成長狀態和趨勢。另外，友商平台開通了 15 分鐘的長視頻權限，而快手 MCN 一直擁有這個權限。時間為 10 分鐘或者更長，PC 端和移動端都可以。

第四，優質內容助推計劃。平台除了流量補貼外，還將幫助賬號進行冷啟動，實現從零到一的轉變，幫助 MCN 機構合理穩定地成長。站內熱詞資源曝光、機構達人榜單等基礎功能更不在話下。

第五，對公結算。2019 年，快手希望與 MCN 機構一起成長，做彼此真正的老鐵。為了讓 MCN 機構能夠更加高效直接地管理旗下賬號、豐富營收分配方式的多樣性，我們將持續迭代與完善產品功能。

與 2,000 家機構合作

快手計劃 2019 年達成與超過 2,000 家機構進行營運合作。此外，合作的機構類型不限於傳統 MCN，還包括服務商、媒體、自媒體等。只要用戶有能力創造優質內容，平台都願意誠心誠意合作，我們保持一顆非常開放的心態。

同時，快手將開拓更多的合作模式。

第一，階梯流量扶持。針對不同粉絲量級的賬號，每週拿出十億流量進行助推扶持，幫助賬號完成冷啟動，度過瓶頸期，高效漲粉，提升效率。

第二，獨家 IP 合作。平台拿出十億流量，和十個獨家 IP 合作，扶持十個百萬級粉絲賬號，幫助其進行品牌推廣及後續商業化變現。

第三，區域合作。聯合當地頭部 MCN 機構，以頭部帶動中尾部的方式切入到線下場景。比如把美食探店這樣的賬號流量轉化為線下交易，實現變現的閉環。一些用戶喜歡看當地的奇聞趣事，那麼平台就和地方媒體號進行合作，做好內容的本地化分發。

第四，行業合作。快手將打通垂直類 MCN 行業的上下游，深入探索更多合作模式。

2019 年，平台推出三個版塊，通過效率、權益以及變現加速，讓 MCN 機構在平台上獲得更好的成長。我們通過驗證整個 MCN 行業及平台發現，優質內容在任何平台都可以得到合理的漲粉和爆發。這些賬號並不是經過人工篩選出來的，而是從零粉絲入駐到現在全網粉絲量在百萬甚至千萬級別的。

晉商行：
MCN 機構要抓住稍縱即逝的機會

位於山西太原的晉商行，懂得媒介更替帶來的機會稍縱即逝。2013 年，晉商行果斷切入微信公眾號，獲得了一億粉絲。圖文時代的紅利期結束後，晉商行又重新出發。

從 2018 年 6 月起，晉商行開始製作覆蓋娛樂、美食、美妝服飾、生活技巧等領域的短視頻內容，並成為快手平台認證的 MCN 機構。

截至 2019 年 9 月，晉商行已成功孵化「愛拍照的木子萌」「肘子小六」「闊氣米老闆」「二丫小妙招」「星座療傷師」等優質 IP，全網粉絲累積超過 9,000 萬，原創短視頻播放量超過 100 億。

小檔案

公司名稱：山西晉商行科技有限公司

所在地：山西太原

成立時間：2013 年 8 月

所屬行業：傳媒

商業模式：定位於「優質網絡 IP 孵化平台」，孵化達人，賦能商家，打造圖文媒體、短視頻和電商的商業生態閉環

對快手老鐵的寄語：希望大家都能加入快手大家庭，融入真實的中國商業生態

講述人：董偉偉（晉商行副總經理）

把微信公眾號做到一億粉絲，然後歸零

我 1979 年出生，從小想當記者，大學畢業後考入《山西晚報》，幹了 12 年，做過採編和經營業務。2015 年 10 月加入晉商行。

我們切入微信公眾號領域很早，也很果斷。我記得很清楚，2013 年的一個晚上，我在報社舉辦的一次大型頒獎活動的現場，接到晉商行創始人的電話，他邀請我去聊一聊。活動結束已經是晚上 11 點多，創始團隊當時正在註冊微信公眾號。

我們的創始人營運過微博、微信公眾號，經歷過媒介的每一次變革和每一個社交平台的興起。團隊又開始重新創業，創始人很清楚，成功的關鍵在於抓住機會。

一開始誰也不知道怎麼去營運公眾號，我們當時的做法簡單粗暴，先佔坑，把名字佔了。大家說，公眾號或許可以像域名一樣賣錢，於是我們專門找人批量註冊微信公眾號，翻着字典去註冊，幾乎將四個字以內能註冊的全部註冊了。

微信公眾號註冊完之後，團隊開始批量去營運營銷號，一波又

一波地衝流量。到 2014 年，我們的公眾號加起來已經有幾千萬粉絲。到 2015 年，有了接近一億粉絲。整個公司就 100 多人，收入非常穩定。但中間因為有內容違規，我們也經歷過封號的慘痛失敗，我們意識到，這種模式做不長久，不是一個可持續的發展之路。

2016 年，我們已經意識到圖文時代的紅利期結束了，又不知道下一步怎麼做，有點迷茫。這期間，公司內部孵化了 20 多個項目，最後都失敗了。我們當時還沒有意識到快手是個重大的機會。

「聚焦、專注、極致」的發展原則

2018 年 10 月，我們正式開始進軍快手。進入快手之初，我們選擇了 12 個賽道，涵蓋所有能想到的類目。

為了做出爆款，我們經過了一番摸索。記得一開始做職場劇情類內容，需要文案、導演、演員、燈光、化妝、服裝等人員配置，困難重重。拍出來的第一條視頻叫轉桌吃自助餐，發出後只獲得了 1,000 多個讚。接着，團隊仿照網上一條比較火的段子製作了一條視頻，畫面挺粗糙，竟獲得了 10,000 多個讚。第二天，團隊把視頻重拍了一遍，畫面精緻很多，點讚數突破了 100 萬。

有了一些爆款經驗後，我們開始大量複製賬號，於 2018 年 9 月集中進駐快手，成為快手的第一批 MCN 機構。

經過一段時間的復盤和反思，我們總結出「聚焦、專注、極致」的發展原則，重點做直播打賞和快接單。

十個月後，我們保留了五個類目，分別是娛樂、美妝、評測、美食和汽車。理由是我們牢記「變現為王」的原則，這五個類目變現起來比較直接。

大規模嘗試做短視頻四個月後，廣告收入就來了。公司孵化的

「愛拍照的木子萌」「小岳岳的拍照魔法」等大號，在快手上已經有了兩三百萬的粉絲。

2019 年 2 月我們做了第一個美妝賬號，當月就實現盈虧平衡了。

我們還積極拓展外部合作，比如與山西最大的服裝批發市場洽談合作，嘗試通過短視頻平台為批發市場的商戶帶貨。

MCN 機構一般同時營運很多個平台，我們也在不斷思考快手有甚麼不一樣的地方，能不能支撐起我們的電商戰略。

我認為完全可行，信心來自快手的用戶體驗。快手可以讓用戶沉澱下來，這是其他平台比不了的。如果我在快手上看到一個博主，覺得他不錯，我會點進去把他所有的視頻都看一遍。離生活太遠的東西是表演，永遠無法沉澱用戶。用戶永遠會找尋那些更真實、更生活化的內容。

接下來，我們計劃從營運部門抽出一組人，專門做快手營運，借機衝一下頭部，打造自己的影響力，為下一步佈局電商鋪路。

2019 年 7 月，我參加了快手首屆光合創作者大會，這是我第五次參加快手的活動。我覺得這是 MCN 機構快速發展的一次機會，下半年大家都想搶快手的三億日活躍用戶和 100 億元流量的紅利，眾多腰部 MCN 機構都是直接奔着電商變現來的。這種機會稍縱即逝，如果抓不住，下一次機會不知道甚麼時候才會出現。

轉型短視頻的兩點體會

現在很多人問我轉型做視頻的問題，我有兩點體會，一是轉換思維，二是變現為王。

先說轉換思維。很多人會和我聊一些特別細節的東西，比如轉型從哪方面入手、入手之後如何賺錢、到底需要多少人、怎麼設置組織架構、多長時間收回成本等。我向他們提的第一問題永遠都是：你的思維真的轉換了嗎？

我們在一個行業時間過長，往往會被固有思維束縛，每一個人都像是「井底之蛙」，那口井其實就是我們固有的思維和所謂的經驗，有時候經驗愈多，那口井就愈深，愈不容易接受新事物。當年，我們做圖文營運，覺得自己很專業，但做短視頻時就遇到了大問題。所以，我們每天告誡團隊成員，千萬不要做經驗的奴隸，要想辦法打破自己所在的那口井。

想轉型成功，首先要打破的就是自我設限，不要變成井底之蛙。成功來自於大膽想像、大膽投入、大膽實幹。

再說第二點，變現為王。微信公眾號年代，我先後做了幾個內容創業的項目，最多的時候團隊有 50 多人，但很快就失敗了。

從這些失敗中，我獲得的教訓是，我做了 12 年傳統媒體，離開媒體後，還在用媒體的精英意識做互聯網內容，忽略了用戶。而且，只考慮了「怎麼做內容」，沒有想清楚「怎麼變現」。

對於公司來說，變現永遠是第一位的，這關係到生死。

未來，類似晉商行這樣的短視頻 MCN 機構會愈來愈多，我們都是這個生態裏的種子和小草，相信在快手公平普惠的陽光下，我們能成為中國最強的內容生產者。

五月美妝：
讓普通男孩女孩成為網紅達人

五月美妝成立不到一年，已孵化出 30 多位美妝達人，其中有 25 位達人在單平台的粉絲數過百萬。

團隊已有近 100 人，製作了上百條爆款短視頻，在快手平台擁有 2,000 萬粉絲。2019 年 3 月，五月美妝完成 1,000 萬元 Pre-A 輪（第一期）融資，計劃將全網粉絲量擴充到一億。

愈來愈多的美妝品牌意識到快手在商業變現中的強大優勢，在老鐵經濟的支持下，電商變現潛力無限。而引入專業內容生產者，也將豐富快手的 KOL 生態，讓快手變得更加「好看」。

小檔案

公司名稱：五月美妝

所在地：廣州

成立時間：2018 年

所屬行業：美妝

商業模式：扎根美妝垂直領域的短視頻 / 直播 MCN 機構，針對達人特點和優勢製作原創性內容，打造爆款

對快手老鐵的寄語：五月美妝要你好看，點讚關注不迷路

講述人：高高（五月美妝首席運營官）

從微信公眾號轉戰短視頻

我覺得入駐快手是一個非常正確的選擇。當時正好快手在邀請 MCN 機構入駐，我們抓住了機會，趕上了第一波 MCN 機構入駐的浪潮。我們公司之前主要做微信公眾號，現在轉型為主要做短視頻。

從微信公眾號這一舒適賽道轉戰短視頻，內外部挑戰都不小。但大家都知道，微信公眾號的紅利正在消失，所以，我們決心轉戰最新火起來的快手短視頻平台。

我們選擇美妝做突破口，因為無論經濟好壞，人的愛美需求不會變。95 後和 00 後在成長，很多國貨品牌也在崛起，美妝種草這個賽道可以做到廣告內容化、電商內容化。

每一個細節都要做到盡善盡美

我們堅持 100% 自孵化達人、強管理 MCN 模型，第一批孵化的博主有六個，分別是「Alin 閃閃發光」「暴躁鴨學長」「麻辣雞哥」「西格格不聽話」「怪力少女薯條」「魔法小阿元」。

這一批達人都是由我們公司內部編輯轉崗的，因公司的團隊基因、內容基因以及能力基因，這批達人均在新媒體行業任職了 1~4 年，對行業有自己的認知，喜歡美妝領域以及對公司認可，所以我們選擇從這六位博主開始孵化。

開始時大家對於整個短視頻的生態都不了解，前期非常辛苦，因為從 0 到 1 漲粉是最難的，一方面是大家對於內容還不適應，另一方面是對前台政策不了解，有很長一段時間我們都在摸索。

剛開始，我們遇到了很多問題，比如點讚數都很少，有一次點讚數剛過 2,000，老闆就全公司發紅包，慶祝點讚過 2,000。

我們原來的圖文團隊是有內容基因的，「Alin 閃閃發光」「暴躁鴨學長」「麻辣雞哥」等，之所以讓他們轉型做美妝達人，一方面是他們有內容生產能力，另一方面是他們的形象比較符合達人的條件。

因上努力，果上隨緣。我們要求每一個細節都要做到盡善盡美，從前期的博主妝容及服飾，到後期的剪輯特效，再到最終的編導審片，都要求所有人死磕細節。服化道（服裝、化妝、道具）、視頻時長、視頻 BGM（背景音樂）、引導關注和點讚、粉絲及時回覆等，所有的細節都做好了，爆款視頻就順其自然出來了。

讓更多普通人轉變為網紅達人

前段時間，在和快手官方的一次通話中，對方告訴我，目前五月美妝賬號進入了瓶頸期，並告訴我如何改善。

放下電話，我非常激動，當天和編導開會時說：「我們一定要好好把快手賬號做好，能關注到我們單個達人的成長發展，快手真的是在為內容創作者服務。」

在我們公司成立初期，因初涉短視頻領域，中途摸索過不同的管理模型，最大的問題出現在搭建團隊時的分工問題上。

我們用了大概一個月的時間最終形成了現在我司正在執行的「編導責任制」管理模型。每個編導會負責 2~3 個小組，負責整個網紅小組的管理（管理包括網紅、剪輯師、營運策劃等以小組為單位的所有成員）、審核內容以及發掘網紅的標籤。

截至 2019 年 9 月，我們的短視頻團隊已經有 100 人，製作了大量爆款視頻，孵化出 30 多位美妝達人，單平台粉絲過百萬的 KOL 有 25 位。一個達人每週需要輸出 15~17 條內容，整個團隊每月產出接近 1,000 條美妝視頻，總計已產出 6,000 多條視頻。

我們把素人通過快手平台打造成美妝達人，讓這些普通的男孩女孩在快手平台上展現獨特魅力。

「Alin 閃閃發光」在成為網紅之前，曾做過微信公眾號的編輯。由於平時喜歡給身邊的朋友、同事推薦各類美妝產品，她就被轉到新公司的美妝短視頻團隊。沒想到，她很快就成了我們孵化出的第一批達人之一。

作為五月美妝旗下的「美妝一姐」，「Alin 閃閃發光」長期位列種草榜單 TOP10，女性受眾和粉絲佔比高達 70%。她的內容除了介紹各種好用的美妝產品外，還有女性向的泛知識點，話題比較寬泛。

在「Alin 閃閃發光」後，為了保障垂直領域的 IP 具備更高的識別度，我們又做了「Alin 香味研究所」，因為通過賽道篩選，公司發現香水這一領域有影響的賬號不多，仍大有可為。

「小太陽陳溫暖」這個達人最初是公司招來的剪輯師，工作一個月後被公司看中。我們發現他很「戲精」，表現力很不錯，我們就跟他談要不然做達人吧。「總剁主小豬」也是公司之前的剪輯師，後來轉型成了美妝達人。

目前我們公司在快手平台上除了嚴格把控內容以及重視腳本、視頻等，我們還要求博主注重私域流量的營運，提高自己賬號的黏性，注意引導用戶關注等，同時還會要求博主通過快手說說以及評論區回覆等功能去跟粉絲達成強互動。

快手平台每個月會給我們發一些活動信息，比如最近我們公司正在積極參與的快手「百人站」活動，以及之前快手官方組織的一系列活動，都有專門的對接人給我們做詳細的指導。我們非常樂意接到快手平台的指導電話，快手會跟我們及時溝通平台規則機制，給予我們流量扶持。我們也希望雙方聯合賦能，對達人進行個性化打造，讓更多普通人轉變為網紅達人，實現自己的夢想。

後半場更精彩，抱拳了老鐵

我曾在快手公開課分享過，作為一個北方女孩，感覺快手更接地氣，看到有趣真實的達人時，我會為他雙擊「666」。我經常用的一個表情包是「抱拳了老鐵」。

因為快手是一個以「人」為連接的平台，發佈者可以拉近與老鐵的距離，打造更加「親粉」、真實的達人形象。所以，我認為快手平台的與眾不同之處就在於它的「老鐵經濟」，但快手平台並未通過強營運和強幹預刺激內容生產，達人和粉絲在平台上沒有距離，他們可以相互分享日常，增進分享和陪伴的關係。

因此，快手平台的轉化效果非常好。粉絲喜歡我們某個達人，便願意購買達人推薦的貨品，而且購買流程非常簡單，只需加入小黃車。快手的接入方式已經開放了多種形式的渠道，如淘寶、京東、有贊商場以及魔筷星選等，這讓我們在跟品牌對接的時候非常方便，也加速了我們跟品牌方的合作。

我們有個網紅達人叫「梁笑笑」，是個粵語博主，在粉絲不到 30 萬的情況下，憑借內容表現力增加了粉絲黏性，在快手直播時賣貨的效果很好。

我們現在要求達人每週必須安排至少兩場直播帶貨，還計劃未來加入更多達人進行快手直播。直播可以加強達人和粉絲的連接，也能鍛煉達人的直播能力，發掘達人的直播基因。

我們有種草類達人、成份分析類達人、美妝劇情類達人，也有直播達人。這批達人不僅獲得了品牌主的青睞，在「老鐵經濟」的支持下，他們的電商變現潛力也值得期待。

我們現在只是走在前半場，後半場是最難的，也是最精彩的、最刺激的，因為進入這個行業的人愈來愈專業化，讓快手開始變得更加「好看」。

未來，我們還將聚焦美妝品類，持續生產美妝領域的優質內容，助力美妝品牌成長，服務美妝上下游產業鏈，致力於成為美妝領域優質數字內容生產商和提供者。同時希望看到愈來愈多不同領域的 MCN 機構持續入駐，大家共同打造一個更加多姿多采的快手生態。

跋

展望5G時代：視頻強勢崛起唱主角

喻國明[①] | 北京師範大學新聞傳播學院執行院長

無時不有、無處不在、萬物互聯，在5G的推動下，正在成為一種現實。由於5G具有高速率、高容量、低時延、低能耗的特點，5G時代從某種意義上説，就是視頻「大行其道」的時代，視頻已經遠遠超越傳統的娛樂擔當的角色，而成為主流傳播及人們社會性認知的最重要的媒介表達形式之一。

而快手，無疑是我們這個時代「天時地利與人和」交集之下的「驕子」——這種集技術的魅力、市場的力量和時代的光芒於一體的互聯網產物一經問世，便在很短的時間裏一躍成為中國短視頻領軍企業，使我們這個社會的幾乎每一個人都感受到了它的「讓每一個生活都可以被看見」的理念在社會傳播的大舞台上活色生香地展現其魅力和價值。

5G時代的到來，無疑為快手的發展提供了一個更為寬廣和富有想像力的生命展開的空間。我們不妨通過對5G的解讀來看看快

---

① 喻國明，教育部長江學者特聘教授、北京師範大學新聞傳播學院執行院長、中國新聞史學會傳媒經濟與管理研究委員會會長。

手在這個嶄新時代的價值和擔當。

5G 時代的視頻將形成泛眾化的表達框架

過去在互聯網上，雖說人人都是傳播者，但是都以文字書寫為主要的表達方式，而文字書寫從深層的邏輯上看，仍然是以精英人士的表達為主流的一種社會表達範式。因此，在書寫時代，能夠在網絡上表達思想、看法的始終是社會上的一小羣精英，95% 以上的大眾只是旁觀者、點讚者和轉發者。而視頻則是與之前媒介表達方式不同的一種泛眾化的傳播範式。從 4G 時代開始，視頻為普羅大眾賦能賦權，將社會話語的表達權給了愈來愈多的普通人，每一個人都可以用視頻這種最為簡要、直觀的形式與他人和社會分享，這是一種具有革命性意義的改變。

同時，新技術會帶來一些新問題，這就需要發揮政府、企業與社會多方共治的力量，積極探討新技術領域的各種問題，並予以針對性的解決，達到科技向善的結果。在這個過程中，需要進一步做好泛眾表達者與精英表達者之間的溝通，形成一種媒體生態，形成泛眾表達的框架。

這便是快手當下以及未來的社會價值與責任擔當之一。

面對海量視頻要進一步提升人工智能技術

5G 時代催生了基於萬物互聯的傳播形態，必然會伴隨海量視頻的出現。由於視頻傳輸速率的極大提升，中長視頻的數量會有極大地增加，未來，各種長度的視頻會構成豐富的生態。

面對海量視頻的出現，快手需要做好兩個方面的工作。

其一是要形成類似於文字傳播所具有的知識圖譜方式的分類、

連接，使人們在接觸一個信息「點」時，就能夠接觸到供給方提供的基於知識圖譜所構造起來的一個「面」的視頻連接的結構，即提供具有體系化的視頻組合，形成視頻間相互比較、相互促進、相互提升的連接。

其二是進一步提升理解視頻、理解用户及精準匹配的人工智能技術。利用人工智能技術，不斷地降低用户被關注的門檻，加大用户探索世界的能力，成為一個更加普惠的社區。

5G時代是創新力引領的時代

視頻這種傳播方式的出現，是對社會認知方式、決策方式，以及科技賦能的重大改變。我認為，作為從業者，要為行業在制度創新、規則創新上做出貢獻。我們最了解傳播領域的要求是甚麼、規則是甚麼，如果我們不做出自主創新的努力，就會面臨着其他方面對我們的約束。

比如，互聯網發展到今天，內容原創、平台分發，以及與其他內容者之間的利益如何平衡，是我們應當思考的重要課題。在互聯網時代，互聯網對內容具有廣泛、微化的時代要求，那麼，能否對內容的版權提出微化處理，從而適應互聯網環境下的內容服務、題材使用、價值服務的要求，以此使內容版權的市場得到更大程度的釋放，這就是「微版權」創新的提出。

譬如，某一位家庭成員想給父親做一個羣星祝壽的視頻，但是，如果每一個明星的版權都要整體購買，那麼代價將極大。如果在視頻的標引在人工智能的幫助下可以做得很好的前提下，以「微版權」的概念，使用剪輯的形式，形成只用每個明星一秒甚至半秒的視頻，如劉德華說「祝」、成龍說「老」、趙麗穎說「爸」……諸多明星分別說出「祝老爸生日快樂」的祝壽語，可能只需要零點幾元的版權成本，便可製作出自己需要的視頻。事實上，這種微化後的版權對於版權所有者而言，其版權變現的回報率將更高更多。按照這一推理，如果版權通過微化處理，那麼傳播領域還將會出現一種新的形式——微剪輯。通過對視頻的創意性剪輯，能夠創造出更多的作品、植入性廣告、原生性廣告等，這種新的剪輯形式釋放出的創意能量將是今天難以想像的。

在5G時代，在視頻廣受關注的明天，我們需要自己去創造，通過制度創新、規則創新，去迎接一個全新的市場機會。只有自己才能解放自己。

快手作為視頻時代的引領者，要創造自己和社會一起大有作為的天地，只有在順天時、利人和的邏輯下靠自己的創新創造才能成就其理想和卓越。

未來社會學的新田野，未來傳播學的實驗室

隨着5G時代來臨，傳播學的學術構造正在發生革命性改變。它的最基礎部分應該是「電信傳播學」，即研究通信技術如何影響傳播的樣式、傳播的種類等；之後是「符號傳播學」，因為今天各種各樣的符號都能成為傳播的載體，也會形成各種各樣的機制規律、角色扮演的問題，需要研究；再後就是「人際傳播學」，這不是傳統意義上的狹義的人際，而是人與人、人與他人、人與社會等多層次的人際社會傳播；再高一層是「人機傳播學」，研究人和機器、人和物怎麼進行溝通。這些將會成為未來傳播學體系的基本構造。快手作為領先的互聯網科技企業，不僅僅是未來社會學的新田野，也是未來傳播學的實驗室。

後記

快手的力量

既深刻又好讀，這是我們編寫本書的野心和期待。

這個世界原來以文本為主，這幾年，因為智能手機和 4G 網絡的普及、視頻理解和分發技術的應用，視頻成了新時代的文本。這是一個新的範式，無數新物種將誕生於此。

快手是人工智能技術在視頻時代的全新應用。快手的生態還在飛速演進，我們盡可能全面地呈現快手的社區生態，希望可以讓政府、企業和學界更好地了解快手，進而了解人工智能與視頻時代的規律。

我們還有一個野心，那就是希望這是一本老少皆宜、易讀實用的書。我們設想的場景是：一位讀者可能是因為好奇，或正為尋找做新生意的機會而焦慮，隨手翻開本書時，看到某一個生動案例，得到了一些啟發。

一

快手的創作者生態是不斷演進的過程。

率先在快手上發現機會和商機的是一些幸運的個人，而且這種發現往往在不經意間。

「愛笑的雪莉吖」沒考上大學，在家務農。一次放牛時拍了短視頻上傳到快手 App 上，無意間走紅了。她的家鄉屬於貧困地區，也是生態富集區，因為快手才有機會把她的家鄉展示在全國人民面前。如今，「愛笑的雪莉吖」正在幫助家鄉的人一起脫貧致富。

「羅拉快跑」兩年前在房東家隨手拍下一段獼猴桃的視頻，上了快手的熱門，隨後大量訂單湧來。因此，他放下瓷磚生意，專門在快手上賣水果，今天，他已經有了自己的水果品牌。

2017 年，在浙江義烏擺地攤的閆博，通過快手，一個月賣出的羊毛衫由 10 萬件增加到 35 萬件。他的「奇遇」迅速傳遍義烏商圈，如今，在義烏北下朱村，每天有 5,000 人直播賣貨。

愈來愈多的個人和企業開始使用並研究快手。三一重工在快手上開賬號，直播一小時竟賣出了 31 台壓路機。還有一家房車企業，三分之一的訂單來自快手。

截至 2019 年 9 月，超過 1,900 萬人在快手上獲得了收入，這個羣體正在變得愈來愈龐大。

二

是甚麼讓快手擁有這種力量？至少有兩個方面值得重點說一說：技術降低視頻拍攝分發的門檻和普惠原則。

很多人以為快手是短視頻專家，可以幫人把短視頻拍得更好，這個理解其實有誤。降低拍攝門檻的力量，遠大於教人拍好視頻。

很多人估計想不到，管狀顏料的發明在美術史上至關重要。早先，繪畫的人自己調製顏料，各有配方。有了標準化的管狀顏料後，繪畫的門檻大大降低，無論你是畫家還是小學生，開始繪畫都變得輕而易舉，更多人有機會展現繪畫的才能。

與之類似，快手降低了記錄和分享的門檻後，每個人都有機會把自己的生活拍成視頻展現出來。從整個社區的角度看，這是視頻產能的急劇擴張，信息極大豐富。這時再配以推薦技術，就有了快手社區。

有一句通俗的話是，過去是人找視頻，現在是視頻找人。前後的區別是視頻的豐富程度。

快手社區形成後，其本身又構成了一個巨大的市場。2019 年年中，快手日活躍用戶達到 2 億，2020 年春節前將衝刺 3 億。義烏人說：「人在哪裏，生意就在哪裏。」每天有 2 億~3 億的人聚集在這個社區，自然構成了一個巨大的市場。很多人在快手發現了商機，改善了自己的生活質量。

普惠原則讓普通個體也有機會。快手 CEO 宿華曾說，快手希望把注意力像陽光一樣，平等地分配給所有人。

「真實」成為快手視頻的主旋律，帶來的一個效果是，「我也可以」。

一個典型的案例，福建古田一個種白木耳的姑娘叫吳冰英，她下載快手 App 後，第一次真切地看到了草原上人們的生活。她認為這些人可以拍快手，她也能拍。通過快手，很多人第一次看到了新鮮的白木耳，她的生意就這麼做起來了。

「我也可以」的效應，在快手無處不在。

三

快手是一個複雜的生態社區，不斷繁衍發展。除了短視頻和商業，快手還有很多面。

快手是生產信任的機器。通過長期關注一個主播，你會對他日漸熟悉，實際上那個人就變成了你的鄰居。所以，現實世界中的空間距離，在視頻社區中不復存在，真正可以做到「天涯若比鄰」。

工業化時代之前，大部分人住在村裏，有時會去鄰居家買東西，鄰居家賣的雞是不是走地雞、吃甚麼飼料，你是知道的，信任自然存續。鄰居作假的成本其實很高，因為你找他理論時，其他鄰居可以看到。

在快手直播間，如果幾百個粉絲同時在線，賣假貨的代價極高。一旦有人在直播間當眾指出來，主播辛苦構建的信任會頃刻崩塌。

信任經濟以新的形式存在。我們彷彿又回到了工業化之前的年代，那個從鄰居家買貨或從走街串巷的貨郎處買貨的年代。快手正是一部生產信任的機器。

加拿大學者麥克盧漢提出「地球村」的概念，指隨着新技術的發展，大家愈來愈像生活在一個村子裏，能夠面對面進行交流。因為短視頻的出現，「地球村」真正成為現實了。

這對未來的商業形態很有啟發意義。現在的商業，在生產者和終端買家之間隔了好多鏈條。這些環節很多是由空間上的距離造成的。你和客戶不在同一個地方，溝通起來成本很高。

在短視頻社區裏，空間距離其實並不存在，大家都是「鄰居」，生產者可以直觀地展示自己的商品，與終端買家「面對面」交易。因為距離帶來的很多鏈條未來將會消失。這可能是商業發展的一個重要方向。

快手是生產和傳播知識的平台。中國有很多人沒吃過獼猴桃，或者沒見過獼猴桃是怎麼長出來的，「羅拉快跑」就通過拍攝獼猴桃的視頻，在快手上生產關於獼猴桃的知識。

很多中國人吃過海鮮，但是沒見過海鮮的捕撈過程，快手讓很多中國人第一次看到了活生生的海鮮，這也是知識生產的過程。

70 多年前，電視在美國普及時，麥克盧漢提出了過程和結果的關係。此前，我們通過文字了解一件事，但它發展的生動過程，只有通過視頻才能直觀感受。相比文字，視頻記錄本身就是新知識的生產和傳播過程。

快手是人工智能社區。快手每天有 1,500 萬條以上的短視頻上傳，精準分發給兩億多用戶，這需要領先的精準分發技術及對視頻、用戶的超強理解能力。

快手將高深的技術普惠化，讓每一個普通人都可以無障礙地使用。比如，以前只有最高級的智能手機才能拍攝某些特效，快手工程師通過技術研發，使每一部智能手機都能使用所有特效。

快手 CEO 宿華說過，快手的目標是讓人工智能技術被不掌握這些技術的普通人享用。

快手是扶貧利器，是保護非遺文化的最佳工具。貧困的原因有很多，從經濟上來說，要麼是生產不出受市場認可和歡迎的東西，要麼是找不到市場。快手本身是一個兩億人的大市場，可以讓你的商品足夠直觀地展現給普羅大眾，大大降低交易成本。交易一旦進行，就可以賺錢，因此，快手自然而然就成了一種有效的扶貧工具。

比如，大涼山地區比較貧困，但出產極美味的蘋果。通過快手，當地的蘋果大量售出，大家甚至願意集資修一條路用來運送蘋果，這在以前是很難想像的。

快手不僅僅是短視頻平台，更是一個立體的網絡，一個不斷演進的生態。快手的力量，正在被更多人看見。